濮阳市绿色农产品生产技术标准

◎ 李志刚　主编

U0349570

中国农业科学技术出版社

图书在版编目（CIP）数据

濮阳市绿色农产品生产技术标准／李志刚主编．—北京：中国农业科学技术出版社，
2018.8

ISBN 978-7-5116-3755-0

Ⅰ.①濮… Ⅱ.①李… Ⅲ.①农产品-无污染技术-技术标准-濮阳②农产品加工-
技术标准-濮阳 Ⅳ.①S3-65②S37-65

中国版本图书馆 CIP 数据核字（2018）第 141024 号

责任编辑 李冠桥
责任校对 李向荣

出 版 者 中国农业科学技术出版社
         北京市中关村南大街 12 号   邮编：100081
电   话 （010）82109705（编辑室）   （010）82109702（发行部）
         （010）82109709（读者服务部）
传   真 （010）82106625
网   址 http://www.castp.cn
经 销 者 各地新华书店
印 刷 者 北京建宏印刷有限公司
开   本 710mm×1 000mm 1/16
印   张 10.25
字   数 184 千字
版   次 2018 年 8 月第 1 版 2018 年 8 月第 1 次印刷
定   价 40.00 元

推进农业供给侧结构性改革，要把增加绿色优质农产品供给放在突出位置。

"六优"：优质小麦、优质水稻、优质花生、优质瓜菜、优质饲草和优质林果。

"四化"：农业向布局区域化、经营规模化、生产标准化和发展产业化。

《濮阳市绿色农产品生产技术标准》
编 委 会

推广绿色农业标准　推进"六优四化"

习近平总书记强调：推进农业供给侧结构性改革，要把增加绿色优质农产品供给放在突出位置。李克强总理表示，要引导农民根据市场需求发展生产，增加优质绿色农产品供给，扩大优质水稻、小麦生产。河南省濮阳市正大力推进"六优四化"，"六优"：优质小麦、优质水稻、优质花生、优质瓜菜、优质饲草和优质林果。"四化"：农业向布局区域化、经营规模化、生产标准化和发展产业化。

农业标准化是指以农业为对象的标准化活动。具体来说，是指为了有关各方面的利益，对农业经济、技术、科学、管理活动中需要统一、协调的各类对象，制定并实施标准，使之实现必要而合理的统一的活动。其目的是将农业的科技成果和多年的生产实践相结合，制定成"文字简明、通俗易懂、逻辑严谨、便于操作"的技术标准和管理标准向农民推广，最终生产出质优、量多的农产品供应市场，不但能使农民增收，同时还能很好地保护生态环境。其内涵就是指农业生产经营活动要以市场为导向，建立健全规范化的工艺流程和衡量标准。

濮阳市是一个农业大市。全市耕地面积404万亩（1亩约为667m²，全书同），常年种植粮食570万亩、蔬菜200万亩。粮食总产稳定在250万t以上，蔬菜总产260万t。市委、市政府高度重视农业标准化工作，坚持"安全优质产品是生产出来的，解决农产品质量安全问题的根本出路是推广农业标准化"，把质量和品牌放在更突出的位置，由注重发展规模进入更加注重发展质量，由树立品牌进入提升品牌，稳步扩大农业标准化生产基地规模。目前，全市建设小麦、水稻、玉米、花生、蔬菜等农业标准化生产示范基地95个、面积175万亩，创建省级农业标准化生产示范基地12个，指导群众按照农业标准化技术操作规程生产，把农产品从合格、安全向优质、高效转变，从源头上保证农产品质量。

结合农业生产实际，濮阳市2012—2017年共制修订农业地方标准61项，印发宣传单 10 万余份，现场指导 600 余次。这次市农业畜牧局质监科牵头，组织市、县、乡三级科技工作者对绿色农产品地方标准汇编，增强针对性、可操作性，希望对农业生产实践具有一定指导作用。今后，我们将大力推行农业标准化进程，完善农业标准化技术推广体系建设，做到产品有标准、生产有规程、产品有标志、市场有监测，提高农产品的内在品质。修订完善地方标准，推广农业新技术，提高科学种植技术水平，实现产品质量的提升。推进农业品牌化，促进农业生产标准化，加快农业增长方式由数量型、粗放型向质量型、效益型转变，提高农产品质量安全水平和竞争力，实现农业增效、农民增收。

濮阳市概况

濮阳市，位于河南省东北部，旧称澶州，黄河下游北岸，冀、鲁、豫三省交界处。与山东省的聊城市、菏泽市、泰安市、济宁市接壤，与河南省的新乡市、安阳市、河北省的邯郸市相邻，地处北纬35°20′0″~36°12′23″，东经114°52′0″~116°5′4″之间，东西长125km，南北宽100km。

濮阳具有悠久的历史和灿烂的古代文明，是中华民族发祥地之一，为河南省历史文化名城。上古时代，五帝之一的颛顼及其部族就在此活动，故有"颛顼遗都"之称。濮阳夏代称昆吾国、春秋时期称卫都、战国后期始称"濮阳"，秦代设置濮阳县，宋代称澶州、金代叫开州、民国时复名濮阳。秦汉以来，这里一直是黄河中下游市商繁荣，农事发达的地方，也是南北要津，中原屏障，为兵家必争之地。漫长的历史岁月，在这片土地上留下了众多传说和金戈铁马的风云，如仓颉造字、晋文公退避三舍、柳下惠坐怀不乱等历史佳话，春秋时期诸侯14次会盟、晋楚"城濮之战"、齐魏"马陵之战"、宋辽"澶渊之盟"等历史遗迹。许多历史名人如兵家之祖吴起，一代名相商鞅，天文大师僧一行，治黄名师高超等均诞生在这里。1987年在濮阳西水泊出土了距今6400年的珍贵文物蚌塑龙形图案，在国内外考古界引起轰动，被称为"中华第一龙"，据此，中华炎黄文化研究会命名濮阳为"龙乡"。2012年在濮阳龙文化节开幕式上，中华炎黄文化研究会常务副会长张希清、中国古都学会名誉会长朱士光分别授予了濮阳"华夏龙都""中华帝都"牌匾，正式命名濮阳为华夏龙都、中华帝都。

濮阳地势平坦，属于河冲平原，气候宜人，土地肥沃，灌溉便利，是中国重要的商品粮生产基地和河南省粮棉主要产区之一。2017年全市粮食播种面积为387.42×10³hm²，比上年下降0.4%。其中，小麦播种面积为215.53×10³hm²，增长0.7%；玉米播种面积为124.04×10³hm²，下降0.5%；棉花播种面积为1.78×

$10^3 hm^2$；油料种植面积为 $39.28 \times 10^3 hm^2$，增长 22.0%；蔬菜种植面积为 $63.69 \times 10^3 hm^2$，下降 3.8%。

2017 年全年粮食产量为 262.61 万 t，比上年增长 0.1%。其中，夏粮产量为 156.15 万 t，增长 0.9%；秋粮产量为 106.46 万 t，下降 1.1%。小麦产量为 156.15 万 t，增长 0.9%；玉米产量为 78.54 万 t，增长 2.9%；棉花产量为 0.33 万 t，增长 1.1%；油料产量为 18.02 万 t，增长 24.5%。

目　　录

绿色小麦生产技术操作规程
DB4109/T 148—2017

本规程规定了绿色小麦种植的产地要求、栽培技术、病虫害防治、收获及生产档案等。

本技术规程适用于濮阳市绿色小麦生产。

1 规范性引用文件

下列文件中的条款通过本标准的引用而成为本标准的条款。凡是注明日期的引用文件，其随后所有的修改单（不包括勘误的内容）或修订版均不适用于本标准，然而，鼓励根据本标准达成协议的各方研究是否可使用这些文件的最新版本。凡是不注日期的引用文件，其最新版本适用于本标准。

GB 4285 农药安全使用标准

GB 4404.1 粮食种子 禾谷类

GB/T 8321（所有部分）农药合理使用准则

NY/T 496 肥料合理使用准则 通则

2 产地要求

2.1 环境条件

应符合 NY 5332—2006 的规定。

2.2 气候条件

年降水量 500~650mm，小麦抽穗至成熟期间降水量较少为宜。

2.3 土壤条件

土壤肥力较高的地块。耕层厚度>20cm，土壤有机质≥1.3%，水解氮≥70mg/kg，速效磷≥25mg/kg，速效钾≥90mg/kg。

3 产量指标

每亩产量 500~550kg。

4 种植方式

集中连片，规模种植。

5 栽培技术

5.1 品种选择

新麦 26、郑麦 7698、西农 979、怀川 919、周麦 30 等适合本地的优质小麦品种。

5.2 整地起垄

以机械耕翻为主，深耕细耙，耕耙配套，提高整地质量，采用机耕，耕深 20cm 以上，打破犁底层，不漏耕，耕透耙透，无明暗坷垃，达到上松下实，耕后复平。提倡用深耕机隔年深耕，以破除犁底层，增加土壤蓄水能力。也可选用旋耕、浅耕或少免耕；对旋耕后的麦田，必须进行一次耙地或镇压作业；多年采取少免耕或旋耕播种的麦田，每3~4年机械耕翻一次。

整地完成后，因人工起垄的效率低、成本高，提倡使用机械进行田间作业；机械起垄作畦，畦埂宽0.26m，畦宽视下茬作物而定，一般畦宽3.2m。

5.3 秸秆还田

提倡在有配套机械设备的地方，实行秸秆还田。秸秆还田时，要注意尽量粉碎前茬作物的秸秆，使其不影响整地和播种质量。

5.4 施肥

5.4.1 施肥原则

增施有机肥，氮、磷、钾肥配合，基追结合，氮肥后施；根据土壤硼、锌、锰等含量及小麦缺素症状针对性地使用微量元素。禁止施用硝态氮肥。施用肥料应符合NY/T 394的规定。

5.4.2 施肥总量

根据土壤肥力和产量水平确定施肥量。全生育期氮、磷、钾肥总施用量按有效含量计分别为每亩（1亩约为667m²，全书同）纯氮为12~14kg、磷为（P_2O_5）5~6kg和钾为（K_2O）4~6kg。

5.4.3 施用方法

有机肥、磷、钾肥及微肥一次性全部用作基肥；氮肥的60%作基肥，40%作追肥。提倡使用有机肥，并适当减少化肥用量。

5.4.3.1 基肥

在耕地前每亩施用1 000~2 000kg有机肥，施30kg左右的复合肥（N、P、K总有效含量为45%）或同等氮量的其他复合肥或配方肥作底肥。对微量元素缺乏的地区，应根据缺素种类补施微肥。

5.4.3.2 追肥

苗期追肥应视苗情而定，如冬前苗情较差，可施用10%左右的氮肥作为平衡肥，结合越冬水每亩追施8kg尿素；如苗情正常，可不施平衡肥。在2月中旬追施拔节肥，拔节肥施肥量占总用氮量的30%，一般情况下每亩看苗追施12kg左右尿素作拔节肥。

5.5 播种

5.5.1 种子质量

选用的种子质量应符合 GB 4404.1 的规定指标。种子纯度≥99.0%，净度≥98.0%，发芽率≥85%，水分≤13.0%。

5.5.2 种子处理

有条件的提倡使用包衣种子，一般情况下播前用 25%咪鲜胺对水 3kg 搅匀，拌麦种，堆闷 6~8h 后播种。

5.5.3 播种期

根据气候、品种类型、土壤墒情确定适宜播期。濮阳市小麦的适宜播期为 10 月 5~20 日。在适宜播种期前后，遇土壤墒情合适时，可抢墒播种。

5.5.4 播种量

濮阳市适宜的每亩基本苗在 12 万~16 万，正常情况下每亩播种量 10kg 左右，但应根据播种时土壤墒情、整地质量、土壤质地和种子发芽率等情况适当增减。特别是在干旱年份和晚播条件下，应适当增加播量，但也要避免盲目加大播量，导致基本苗过多。

5.5.5 播种

在实行机械播种时要特别注意加强对播种机械操作人员的技术培训；选用的播种机必须与拖拉机匹配，严禁动力低配；提倡选择旋耕施肥播种机进行播种作业；机播作业要求做到不重播，不漏播，深浅一致，覆土严密，地头整齐。播种时注意调整播量、播深与行距，播种深度不宜超过 5cm，墒情不足时可以加深至 5~6cm，播种行距一般控制在 25cm 左右；注意播后镇压，在土壤松软或墒情较差时要适当增加镇压强度，以利于种子发芽出苗。

5.6 田间管理

5.6.1 壮苗标准

12 月下旬，小麦进入越冬期时，弱冬性品种主茎叶达到 7~8 片，总茎蘖数

70万~80万/667m²（高肥水田取低值，中产田取高值，下同）；半冬性品种6~7片，总茎蘖数60万~70万/667m²。从12月初至越冬期（12月下旬），有效积温80℃左右，正常情况下还可长出1~1.5片叶。

5.6.2 冬前常规田间管理措施

查苗补苗：出苗后及时查苗、补种，确保苗全、苗匀。缺苗断垄或漏播地段及时浸种带水补种。

中耕划锄：中耕划锄具有增温、提墒、破板结，促进根系发育和冬前分蘖的作用。对弱苗适当浅锄，促其转化升级；对肥水较高和有旺长趋势的麦田适当深锄，以控制旺长和无效分蘖。

冬前晚弱苗的管理：主要是追施平衡肥。越冬前对基肥不足、麦苗瘦弱、群体不足田块，根据苗情，适量追施平衡肥，每亩追施尿素6~8kg。

冬前旺苗的管理：播种出苗过早，或因冬前气温过高常导致小麦年前旺长，如小麦11月下旬主茎已发生5~6片叶，越冬期有可能拔节，越冬或春季有可能受冻。对这类旺苗麦田，可采取冬前中耕镇压2~3次。

化学除草：当田间杂草密度达50株/m²以上时，在温度和土壤墒情适宜时，进行化学除草。以禾本科杂草为主的田块每亩可使用50%异丙隆125g，以阔叶类杂草为主的田块每亩可使用75%苯磺隆1g，两类杂草混生的田块，则可兼用上述两种除草剂或每亩使用7.5%啶磺草胺12.5g。

5.6.3 春季田间管理

5.6.3.1 春季冻害的防御和补救

首先，重施基肥，增施有机肥，培育壮苗，增强小麦苗期抗寒能力。其次，对春季发生了冻害的麦苗，及时追施速效氮肥，中耕培土，促使其发根和分蘖，争取高位分蘖成穗。如遇干旱与冻害交加的情形，追肥时要结合浇水抗旱。根据小麦受冻程度，一般每亩追施尿素5~7kg。

恢复肥追施数量应根据小麦主茎幼穗冻死率而定：主茎幼穗冻死率90%~100%的田块施尿素10~15kg/667m²；主茎幼穗冻死率70%左右的田块施尿素8kg/667m²；主茎幼穗冻死率50%以下的田块施尿素5kg/667m²；主茎幼穗冻死率在10%以下的田块，不需增施恢复肥。

5.6.3.2 追施拔节孕穗肥

追肥时间一般掌握在群体叶色褪淡，小分蘖开始死亡，分蘖高峰已过，基部第一节间定长时施用，追肥时间一般在 3 月上中旬。群体偏大、苗情偏旺的延迟到拔节后期至旗叶露尖时施用。拔节肥施氮量为总施氮量的 30%左右，每亩可看苗追施尿素 10~12kg。

5.6.3.3 化学除草

应根据草相、草龄、墒情等选用适宜的药剂，重点抓好冬前化学除草工作，早春根据草情做好补治工作。在小麦苗期、杂草 2~3 叶期，每亩用 6.9%精恶唑禾草灵水乳剂 100mL 加 20%氯氟吡氧乙酸乳油 50mL 对水均匀喷雾。返青期即 3 月上旬，对草害较重的田块每亩用 50%异丙隆 200g 加 75%苯磺隆 1.5g 或用 7.5%啶磺草胺 12.5g 对水 50kg 均匀喷雾。

5.6.4 后期田间管理

后期田间管理是指抽穗后至小麦成熟期的管理。

5.6.4.1 一喷三防

一喷三防是后期田间管理的重点，最佳时期为小麦抽穗期至籽粒灌浆中期。在防治小麦赤霉病、白粉病和蚜虫时，将尿素、磷酸二氢钾或植物生长调节剂加入防病治虫的药剂中，一次喷施，能起到防病虫、防倒伏、防治后期早衰，增加千粒重的作用。

5.6.4.2 病虫害防治

病虫害防治的原则是"预防为主，综合防治"的植保方针，以农业防治为基础，提倡生物防治，按照病虫害的发生规律科学使用化学防治技术。化学防治应做到对症下药，适时用药，注意药剂的轮换使用和合理混用，按照规定的浓度要求合理使用。农药使用应符合 NY/T 393 的规定。

赤霉病：小麦扬花初期，根据天气预报，雨前喷药预防，必要时雨后补喷，方法是每亩用 50%多菌灵 100g 对水均匀喷雾。重发年份，可在初花和盛花期两次喷药。喷药时注意要对准小麦穗部均匀喷雾。

纹枯病：小麦拔节期平均病株率达 10%~15%时，每亩用 5%井岗霉素 300~400mL 对水对准发病部位，均匀喷雾，发病严重田块可进行药水泼浇。播前可用立克秀、井冈霉素或蜡质芽孢杆菌拌种预防冬前发病。

白粉病、锈病：小麦孕穗期至抽穗期，当上部 3 张功能叶白粉病病叶率达30%左右时，或病株率达 20%左右时，锈病病株率达 5%左右时，进行防治。每亩用 20%三唑酮 35g，对水 50kg 手动喷雾或对水 20kg 机动弥雾叶面喷施。

麦蚜：小麦扬花至灌浆初期，有蚜穗率 10%~20%时或百穗蚜量超过 300~500 头（天敌与麦蚜比小于 1∶150）时，即需防治。此外，苗期平均每株有蚜4~5 头时也需进行防治。每亩用 35%吡虫啉 6mL 或 5%啶虫脒 10mL 对水均匀喷雾。

麦蜘蛛：小麦返青后，平均每 1 尺行长幼虫 200 头以上，上部叶片 20%面积有白色斑点时，每亩用 1.8%阿维菌素 20mL 或 25%哒螨灵 40mL 对水均匀喷雾。

6　收获、脱粒、贮藏

小麦蜡熟末期及时收割。小麦目前一般采取联合收割机进行收割、脱粒，收割后应及时扬净并晾晒 3~4 个晴天，保证籽粒水分≤12.5%进仓，贮藏于通风干燥处。

7　生产档案

建立田间生产档案。记录产地环境、生产过程、病虫害防治和采收中各环节所采取的具体措施。

绿色水稻生产技术规程
DB4109/T 155—2017

1 适用范围

本规程规定了范县绿色水稻栽培的产地选择、栽培技术要求。适应用于范县绿色水稻基地的生产、运输、贮藏等。

2 规范引用文件

下列文件中的条款通过本标准的引用而形成本标准的条款。

NY/T 391—2000 绿色食品产地环境条件

NY/T 393—2000 绿色食品农药使用准则

NY/T 394—2000 绿色食品肥料使用准则

3 定义

本标准采用下列定义。

绿色食品：按照绿色食品标准生产、加工、销售的供人类消费食用的产品；经专业机构认证，许可使用绿色食品标准，无污染的安全、优质、营养的食品。

4 产地环境

4.1 气候条件

绿色水稻生产基地应选择全年无霜期 205d，年平均气温 13.5℃，年降水量 600mm 的地带。

4.2 土壤条件

土壤耕层较厚，在黄河冲积物上发育成的潮土，适合绿色水稻种植。

4.3 水质条件

引用黄河水或吸取地下水，水资源丰富，水温水质良好，未受到工矿企业污染影响，是理想的绿色水稻灌溉用水。

4.4 环境条件

绿色水稻种植区域应距城区 20km 以上，远离城区厂矿，无污染，空气良好，为水稻生长发育创造良好的生态条件。

5 种植技术规程

5.1 品种选择

以"熟期适宜，抗逆性强，米质优良，产量稳定"为原则，选用经审定通过的抗逆性强的优质品种，种子质量达到国家一级标准。

5.2 育苗技术

5.2.1 苗床选择

选择无污染、地势平坦、背风向阳、水源方便、土壤肥沃、pH 值为 7.5～

8.3 的地块育苗，每亩稻田备 50~60m² 秧田。

5.2.2 苗床施肥整地

秧田于冬前、初春多次耕翻，冻垡、晒垡和使用有机肥，深耕 20~30cm，于最后一次耕翻前，每亩底施优质农家肥 5 000~6 000kg，达到"肥、松、细、软"的秧田质量标准。

播前 3~4d 完成作床。秧畦宽 1.2~1.5m，长度不超过 15m，床土深翻 20cm，床间留沟。每亩秧床施平衡复合肥 50~60kg，硫酸锌、硫酸亚铁各 0.5kg，将肥料均匀耙于 10cm 深床土内。然后浇透底墒水，达到泥烂、面平，床面高低差不超过 1cm，抹平床面待播种。

5.2.3 种子处理

播种前先晒种 1~2d，然后用 1% 石灰水浸种 2~3d，预防水稻恶苗病等种传病害。

5.2.4 适期播种

于 5 月 1 日至 10 日播种，最迟不超过 5 月 12 日。每亩稻田用种子 2.5~3kg，每平方米苗床播干种 100g 左右。在秧床面没有明水撒播种子能半籽入泥时，将种子均匀撒于秧床上，稀播均匀，使种子三面着泥，然后再均匀覆盖 1cm 厚的盖种营养细粪土（粪土比例 1：2）。

5.2.5 秧田管理

出苗前一般不灌水（在遇特殊干旱地发裂，影响出苗的情况下，出苗前浇一次透水），播后 8~10d 灌第一次水，之后每隔 4~5d 灌一次透水，不建立水层，保持湿润生长。移栽前 2~3d 秧田灌水润秧。对返碱秧田，可灌水冲洗或浸泡排水。

秧苗一叶一心期结合浇水施断乳肥，每亩追施尿素 5~7kg；三叶一心期施促蘖壮秧肥，每亩追施尿素 10kg；移栽前 10d 施送嫁肥，每亩追施尿素 15~20kg。

秧苗期注意防治稻蓟马、苗瘟、条纹叶枯等病虫害，培育健壮秧苗。

5.3 本田整地、施肥及插秧

5.3.1 本田耕翻整地

耕翻 20cm 深，平整田块高低相差不超过 2cm。土壤盐碱的稻田耕翻后灌水泡田、排水洗碱 2~3 次；土壤较肥沃、不是盐碱的稻田可不进行泡田排水，早晨灌水、下午插秧。

5.3.2 平衡施肥

有机、无机肥相结合，增施有机肥，控制氮肥，增施磷肥，补施钾、硅、锌及微肥。

每亩本田施充分腐熟无污染的优质有机肥 $3m^3$ 左右，全生育期共施尿素 35kg、过磷酸钙 60kg、钾肥 15kg、硅钙磷肥 50kg、硫酸锌 2kg。所施的全部有机肥、磷肥、硅肥、锌肥、微肥及 50% 的钾肥和 50% 的氮肥作底肥。不用进行泡田洗碱的稻田，耕地前施底肥，达到全层有肥。需要洗碱的稻田，泡田洗碱排水后施底肥，作耙面肥。

5.3.3 插秧

于 6 月中旬抢时插秧，做到随收麦随整地插秧，迟插秧不过"夏至"。扩行距、缩穴距、减少穴苗数，行穴距配置方式 33cm×10cm，每穴 3~4 苗，每亩 1.8 万~2.2 万穴。

移栽时带土移栽，随铲随栽。栽秧时灌 3cm 浅水层，做到花搭水插秧。插秧深 2~3cm，以不飘秧为度。

5.4 田间管理

5.4.1 科学灌水

插秧后灌 3~4cm 深水层，护苗返青。分蘖期浅水（2~3cm 水层）和湿润（露泥）灌溉相结合，做到浅水勤灌。

分蘖末期（栽秧后 26~30d）排水晒田。排水晒田标准有两个：一是苗到不等时，每亩总茎数达到 34 万~40 万茎时，开始晒田；二是时到不等苗，时间到了分蘖末期就排水晒田。晒田晒到"田边鸡爪裂、田内丝毛裂，人进不陷脚"。

长势旺、土质烂、泥脚深的早晒、重晒,晒 7~10d,长势差的迟晒、轻晒,晒 5~7d,盐碱地、新开稻田只晾不晒。

拔节后灌 3~4cm 浅水,间歇勤灌水。进入孕穗期保持 3~5cm 浅水层,勤灌水;抽穗、开花期,稻田必须建立 3~5cm 水层不断水。齐穗后干湿交替,以湿为主、湿润灌浆。成熟收获前 3~5d 断水落干。做到晚断水养老稻,提高稻米品质。

5.4.2 追肥

轻施返青肥,重施分蘖肥。禁止使用硝态氮肥。

栽秧后 5~7d 追施所施氮肥的 15%,12~15d 追施所施氮肥的 35%。水稻拔节后基部第一、二节间基本固定,第三节间开始伸长时(7 月 25 日左右),追施所施钾肥的 50%。抽穗初期、灌浆期叶面喷施多元微肥稀释液。

5.4.3 除草

采取综合措施防治杂草。

人工拔草,尤其是恶性杂草必须经过多次的人工拔草才能彻底清除。

水稻要通过合理密植增加基本苗基数,同时采用科学的水分管理措施,通过以苗压草,以水压草达到抑制杂草生长的目的。

养鸭除草,可以利用稻鸭共作的方式,对田间杂草的发生进行控制,鸭子应选择体型适中、活动能力较强的品种与水稻栽植同步共育,鸭子的最佳养殖密度为 10~15 只/亩。

5.4.4 防虫措施

水稻的主要虫害有稻蓟马、稻象甲、螟虫、稻飞虱、稻纵卷叶螟等。在防治上应采用多种有效措施降低害虫的为害,使产量的损失率控制在 8% 以下内。

5.4.4.1 农业防治

通过水稻的健身栽培,增强植株对害虫的抗性。

5.4.4.2 物理防治

在田间安装频振式杀虫灯,对趋光性害虫进行诱杀。开灯杀虫一般是从 6 月 20 日,每晚 18:30 开始进行。

5.4.4.3 生物防治

一是健全准确测报系统，加强对害虫的监测，准确掌握害虫发生情况，及时进行达标防治。二是采用以虫治虫的方法，利用现有的自然天敌（如寄生蜂、蜘蛛、蛙类等）控制害虫的种群繁衍数量。例如，用天敌赤眼蜂防治二化螟。

5.4.4.4 药剂防治

选择通过绿色食品认证机构认可的生物农药和植物性农药进行害虫防治，应重点抓好1~2代螟虫，2代纵卷叶螟和2代飞虱的防治，以控制害虫的发生基数。

5.4.4.5 稻田养鸭

通过稻鸭共作来抑制害虫的繁衍，特别是控制飞虱等植株中下部害虫的发生数量。

5.4.5 防病

主要病害有稻瘟病和纹枯病，防治的办法，选用抗病品种，加强栽培管理，减少菌源。选择通过绿色食品认证机构认可的化学农药进行病害绿色防控。

6 收获贮藏

当全田水稻黄熟谷粒达到95%时，即籽粒灌浆完熟期及时收获，防治养分倒流。稻谷收获后及时晒干或机械烘干，在含水量低于14%时进行安全储存，以免霉烂变质。

稻谷储存库房应清洁、干燥、通风良好，无虫害及鼠害，达到国家有关卫生安全标准。

绿色食品高油酸花生生产技术规程
DB4109/T 144—2017

1 范围

本规程规定了高油酸花生高产栽培中的品种选择、播种期、密度、田间管理、收获等内容。本标准适用于高油酸花生品种的栽培。

2 规范性引用文件

下列文件对于本文件的应用是必不可少的。凡是注日期的引用文件，仅注日期的版本适用于本文件。凡是不注日期的引用文件，其最新版本（包括所有的修改单）适用于本文件。

GB 4285 农药安全使用标准

GB 4407.2 经济作物种子

GB 5084 农田灌溉水质标准

GB13735—1992 聚乙烯吹塑农用地面覆盖薄膜

GB/T 8321（所有部分）农药合理使用准则

NY/T 496 肥料合理使用准则 通则

NY/T 855 花生产地环境技术条件

3 术语和定义

下列术语和定义适用于本技术规程。

（1）播种期：指播种当日，以月/日表示（下同）。

（2）小麦花生共生期：从花生在麦垄间播种到小麦收获的日期。

（3）出苗期：指真叶展开的幼苗数占播种粒数50%的日期。

（4）开花期：全区累计有50%的植株开花的日期。

（5）开花下针期：指花生自始花至幼果开始膨大这段时间。一般以10%的植株开花到50%的植株出现鸡头状幼果为开花下针期。

（6）结荚期：从幼果开始膨大至大部分荚果形成，这段时间为结荚期。一般以50%植株出现鸡头状幼果到50%植株出现饱果为结荚期。

（7）成熟期：地上部茎叶变黄，中下部叶片脱落，多数荚果成熟饱满的日期。

（8）生育期：从播种当日到成熟的天数。

4 种植模式

种植模式主要有春播地膜种植、麦套种植和夏直播种植。

4.1 春播地膜花生种植

春播地膜覆盖种植即在耕耙好的田块上直接用多功能覆膜播种机（一次完成开沟、起垄、施肥、播种、喷药、覆膜、膜上压土等多道工序）或人工起垄、覆膜、喷药、播种、施肥等。花生地膜覆盖具有增温调温、保墒提墒、保肥增肥、改善土壤理化性状、防除杂草、减少病虫害和防风固沙等多种综合效应，因而增产效果明显。

4.2 麦套花生种植

花生麦套栽培是在小麦行间进行间作套种花生的种植模式，多年来在黄淮海小麦产区得到广泛的推广应用，获得了小麦、花生的双丰收。

4.3　夏直播花生种植

夏直播花生主要是花生与小麦、花生与大蒜接茬轮作，在小麦或大蒜收获后的田块上进行播种，实现小麦花生或大蒜花生一年两熟制栽培。近年来，随着种植业结构的调整和生产条件的改善，夏直播花生种植面积不断扩大，并且逐步形成了与当地生态条件相适应的小麦与花生、大蒜与花生一年两熟的栽培方式，随着种植面积的不断扩大，两熟制条件下花生高产栽培技术也引起了人们的重视，由于夏直播花生便于机械化操作、省时、省力，种植面积逐年扩大。

5　播前准备

5.1　种子处理

高油酸花生种子处理主要包括晒种、选种、药剂拌种等，要做到专人负责，不同高油酸花生品种分别进行处理。处理过程中更换品种时将用具清理干净。机械播种过程中、播种机里装种子前或换花生品种时，彻底清扫播种机具。

5.1.1　晒种

花生剥壳前，选择晴朗天气晒种 2~3d，晒种可增强种子吸水能力，促进种子萌动发芽，晒种还有杀菌作用。

5.1.2　精细选种

花生荚果晾晒后，先挑选无霉变而饱满的高油酸花生品种荚果；将挑选好的花生荚果剥壳后，剔除秕粒、病粒、坏粒，选择粒大饱满、皮色亮泽、无病斑、无破损的籽粒做种子。要求种子纯度达到100%。

5.1.3　药剂拌种

花生种子用杀菌剂拌种，能有效地减轻和防治腐烂。常用的多菌灵可湿性粉剂，用量为种子量的 0.3%~0.5%，将种子用清水浸润后与药粉拌匀，种皮见干后播种。杀虫剂拌种可防治某些苗期地下害虫，如30%辛硫磷微囊悬浮剂 1 000

mL/亩，60%高巧，施用时应切实注意用药安全。

5.2 选用地膜

宜选用聚乙烯无色透明膜，厚度≥0.008mm，宽度80～90cm，透明度≥80%，规格应符合 GB 13735—1992 的要求。

5.3 精细整地，施足底肥

5.3.1 春播地膜花生

高油酸花生品种春播地膜覆盖栽培一般采用的是一年一季种植方式，在前茬作物收获后要及时进行冬季深耕，早春浅耕，耕后及时耙磨保墒，达到土壤细碎，地面平整，无坷垃，无根茬。花生播种前结合施底肥深耕一次，然后用旋耕机再旋一次，以便于机械化播种时起垄，提高覆膜的质量及覆膜的效果。春播种植一般采用一年一季种植方式，在前茬作物收获后应及时进行冬季深耕30cm以上，耕后及时耙磨保墒。播种前结合施底肥耕地，耙平磨细。肥料使用应符合 NY/T 496 的要求。每亩施用优质腐熟农家肥 3 000～5 000kg，尿素 10～20kg，过磷酸钙 50～100kg，硫酸钾 15～20kg，石膏粉 20～30kg。肥料使用应符合 NY/T 496 的要求。濮阳地区的中低产沙壤土花生田的最佳肥料施用比例为每亩施：尿素 30.5kg，过磷酸钙 58.7kg，氯化钾 19.34kg，钼酸铵 0.009kg，硼酸 0.67kg，硫酸钙 20kg。

5.3.2 麦套花生

麦播前，一次性施足小麦、花生两茬所需要的肥料。肥料使用应符合 NY/T 496 的要求。每亩施用优质腐熟农家肥 4 000～6 000kg，过磷酸钙 80～100kg，硫酸钾 15～20kg，尿素 15～20kg，石膏粉 25～30kg。肥料使用应符合 NY/T 496 的要求。并在犁后耙前撒施辛硫磷颗粒剂，可有效杀死蛴螬、金针虫、地老虎等地下害虫。

5.3.3 夏直播花生

小麦或大蒜收获后，及时整地施肥，基肥用量同春播花生，同时，对土壤进行药剂处理，防治蛴螬、金针虫、地老虎等地下害虫。

6 播种

6.1 播种期

春播地膜花生的适宜播期，一般比露地栽培提早 7~10d，濮阳花生产区一般在 4 月中下旬播种，5cm 地温稳定在 150℃以上。近年来，4 月 20 日前后，濮阳地区经常有冷空气来袭，冷空气的到来严重影响花生出苗及幼苗生长，因此，该区域春播花生最适宜的播种时间是 4 月 25 日以后（沙质土壤的播期可选择在 5 月 10 左右）。播种时土壤墒情对高油酸花生品种出苗整齐度影响很大，一定要求足墒下种。麦套花生一般在麦收前 10~15d，即 5 月 15 日至 20 日播种。高水肥地适当晚播、旱薄地适当早播。小麦与花生共生期不超过 15d 为宜。

夏直播花生应在小麦或大蒜收获后抢时播种，播种时间最迟不应晚于 6 月 15 日。墒情差时，播种前后应浇水造墒，保证花生出苗所需水分。

6.2 合理密植

春播中大果型品种密度每亩应为 10 000~11 000 穴；小果型品种每亩应为 11 000~12 000 穴；夏播中大果型品种每亩应为 10 000~11 000 穴，小果型品种每亩应为 12 000~13 000 穴，每穴两粒。有条件的地区建议单粒播种，播种密度适当增加。

6.3 化学除草，高质量覆膜

春播地膜覆盖花生和夏直播花生多采用多功能花生覆膜播种机械，能将花生覆膜种植中的松土、起垄、播种、施肥、喷除草剂、覆膜和在两播种沟膜面上覆土等多道工序一次性完成。除草剂可选用播后芽前除草剂，用 50% 乙草胺 1 500~2 250mL/hm² 或 90% 禾耐斯 600~1 200mL/hm²。夏直播花生采用覆膜或直播，覆膜时一定要及时放风、防治烧苗。

7 田间管理

7.1 前期管理

春播地膜花生播种后要经常查田护膜，当花生出苗顶土时，要及时开膜放苗，防止窝苗、烧苗。苗期一般不浇水，适度干旱有利于蹲苗扎根，对后期生长有利。严重干旱时可适当顺垄浇水。

7.2 中期管理

7.2.1 中耕除草

春播地膜覆盖和夏直播花生出苗后应及时中耕松土，给花生早发创造良好的环境条件。喷过除草剂且土壤松散的花生田，苗期可不中耕。未喷施除草剂的花生田，花生出苗后应采用化学除草与人工除草相结合的方法，防治杂草为害。

麦套花生在麦收后 5~7d，要及时中耕灭茬，消灭杂草，破除板结。在没有地下害虫为害的沙壤土花生田，花生下针前铲麦茬（不清理）或花生生育期间不铲除麦茬。

7.2.2 科学追肥，合理灌溉

底肥不足的地块，苗期每亩追施尿素 10kg，花生下针前后，氮磷钾复合肥 10~15kg/亩。花生全生育期需水规律是"两头少，中间多"，即幼苗期需水少，开花下针期和结荚期需水多，饱果成熟期需水少。在开花下针期和结荚期应保证水分供应，不能缺水。

7.2.3 控制旺长

针对前期生长发育慢植株较矮、中后期长势强的高油酸花生品种，花生生育中后期，要根据花生田间的长势情况，及时控制旺长。在花生开花盛期，当主茎高度 35~40cm 有旺长趋势的田块，进行叶面喷施植物生长调节剂，中低产田地一般不需控制旺长。

控制旺长的主要药剂可选用稀效唑或多效唑，450~750g/hm²，对水 600~

$750kg/hm^2$，均匀喷雾，连喷 1~2 次，间隔 7~10d，浓度不要过大，否则荚果易变形变小，导致减产。

稀效唑与多效唑相比，相同药量，稀效唑效果更好，并且稀效唑在植物体内和土壤中降解较快，建议最好使用稀效唑。

7.3 后期管理

为防止花生后期早衰，保护顶部功能叶片，饱果成熟期应喷施叶面肥，以满足高油酸花生生长后期对养分的需要，促进荚果的进一步充实饱满。

8 主要病虫害防治

8.1 主要病害防治

8.1.1 叶斑病

在发病初期，当田间病叶率达到 5%~10% 时，应开始第一次喷药，药剂可选用 1 500 倍液阿米妙收、600 倍液的百泰，药剂用量为 30kg（L）/亩，连喷 2~3 次。由于花生叶面光滑，喷药时可适当加入黏合剂，防治效果更佳。

8.1.2 根腐病和茎腐病

播种前用 50% 多菌灵可湿性粉剂拌种（用药量为种子量的 0.3%~0.5%），或用 50% 多菌灵可湿性粉剂 0.5kg 加水 50~60kg，冷浸种子 100kg，浸种 24h 播种；在发病初期，选用 50% 多菌灵可湿性粉剂或 65% 代森锌可湿性粉剂 500~600倍液，70% 甲基托布津可湿性粉剂 800~1 000倍液喷雾，间隔 7d 喷 1 次，连喷 2~3 次。

8.2 主要虫害防治

8.2.1 备耕期

播种前翻耕土地时，施用辛硫磷颗粒剂药杀地下害虫，通过机械杀伤、暴晒、天敌取食等杀死部分蛴螬、金针虫等；合理施用基肥。牲畜粪便等农家有机肥需腐熟后施用，否则容易招引金龟甲、蝼蛄等产卵，加重地下虫的为害。

8.2.2 播种期

花生拌种：选用有效成分为毒死蜱、辛硫磷，米乐尔等杀虫剂制成的种衣剂。

配制毒土：采用辛硫磷等农药的颗粒剂或乳剂，撒于播种沟内，防治越冬后上移的蛴螬、金针虫等。

8.2.3 植株生长期

防治对象：蚜虫、红蜘蛛、棉铃虫、斜纹夜蛾、甜菜夜蛾等。

8.2.3.1 蚜虫

农业防治：加强田间管理；适时播种；合理密植，防止田间郁闭；适时灌溉，防止田间过干过湿；合理邻作（豌豆）。

化学防治：蚜虫盛发期用20%阿维·辛乳油2 500倍液、10%氯氰菊酯（灭百可）4 000倍液、50%溴氰菊酯3 000倍液、40%氧化乐果乳油1 000倍液，或20%灭蚜净可湿性粉剂2 000倍液、10%吡虫啉可湿性粉剂1 000倍液进行喷雾，均能控制花生蚜虫的发生为害。

8.2.3.2 红蜘蛛

农业防治：深翻土地，将虫源翻入深层；早春或秋后灌水，将虫源淤在泥土中窒息死亡；清除田间杂草，减少螨虫食料和繁殖场所；避免与大豆间作。

化学防治：当螨虫在田边杂草上或边行花生田点片发生时，进行喷药防治，以防扩散蔓延。可用15%扫螨净乳油2 500~3 000倍液、73%克螨特、20%三氯杀螨醇乳油1 000倍液、20%灭扫利乳油2 000倍液、10.5%阿维菌素·哒螨灵1 500倍液喷雾防治。

8.2.3.3 棉铃虫

花生田棉铃虫以第二代（6月中旬）和第三代（7月中旬）为害为主。

生物防治：在棉铃虫产卵初盛期，释放赤眼蜂。向初龄幼虫期的棉铃虫喷链孢霉菌或棉铃虫横形多角体病毒等生物杀虫剂。

物理防治：利用黑光灯、玉米诱集带、玉米叶或杨树枝（在花生田用长50cm的带叶杨树枝条，每4~5根捆成一束，每晚放10多束，分插于行间，早上捕捉）诱杀成虫。

化学防治：用2.5%敌百虫粉3kg加干细土50kg，拌匀撒在花生顶叶、嫩叶上，用量为900~1 125kg/hm²；当二代、三代棉铃虫百穴花生累计卵量为20粒或有幼虫3头时，叶面喷高效氯氰菊酯等菊酯类杀虫剂或吡虫啉、灭幼脲、抑太保等进行防治，同时可兼治其他害虫。

8.2.3.4 斜纹夜蛾、甜菜夜蛾

物理诱杀：利用黑光灯、糖醋液或杨柳枝诱杀成虫。

化学防治：喷药在傍晚5时左右进行为宜。常用的药剂有50%辛硫磷乳油1 000倍液。针对斜纹夜蛾还可喷施10%吡虫啉可湿性粉剂2 500倍液、40%七星保乳油600~800倍液、10%高效氯氰菊酯乳油5 000倍液、20%叶蝉散乳油500倍液、48%乐斯本乳油1 000~1 500倍液；针对甜菜夜蛾还可喷施10%氯氰菊酯乳油1 500倍液、5%抑太保乳油3 000~4 000倍液等。

8.2.4 结荚期

防治对象：蛴螬等。蛴螬孵化盛期和低龄幼虫期一般在7月中下旬，所以，低龄幼虫期是化学药剂防治的最佳时期。

药剂浇灌：有水利条件的地方，结合抗旱浇水，将药液注入输液瓶内，架在进水口处边滴边浇水，让药随水漫溢，需用药22.5~30kg/hm²，效果甚佳。

撒施毒土：在花生开花下针时，用毒死蜱、米乐尔等拌土300~450kg/hm²，拌匀撒于花生墩周围。

喷雾防治成虫：于成虫盛发期，在花生田周围树上选用辛硫磷乳油、高效氯氰菊酯乳油喷洒寄主植物防治成虫。

8.2.5 冬闲期

农业防治：清除田间地头杂草，消灭害虫越冬场所；收获后进行冬耕，深耕深翻，或进行冬灌，冻死越冬蛹。

9 适时收获

适时收获是保证高油酸花生品种丰产丰收的重要环节。收获过早，荚果尚未

完全成熟，饱满度差；收获过晚，荚果容易发芽、落果和沤果。过早过晚均影响花生产量和品质。如果作为种子，还会影响花生发芽率和田间长势。收获时间应该根据花生成熟期的早晚来确定，如何掌握成熟期是确定花生收获时间的关键。

花生成熟的标志：一般花生品种，成熟的花生地上部表现为，茎叶变黄、中下部叶片脱落；地下部表现，有80%以上荚果已经成熟饱满。针对抗病性强，后期茎叶功能好的高油酸花生品种，成熟时地上部茎叶不完全变黄，要根据这些品种的生育期，再结合地下部荚果的饱满程度，来判定该品种是否成熟。如果到了成熟期要及时收获。生茬地种植的花生品种生长后期茎叶功能也比较好，也要根据品种生育期来判定该品种是否成熟。

10　防止机械混杂

适时收获后，应抓住有利的天气条件，及时晾晒、脱果，并进行种子挑选，待充分晾干后，入库贮藏。

在花生收获和摘果过程中，最易发生机械混杂，要注意防杂保纯。不同花生品种的良种繁育田要单收、单晒，单独摘果、单独运送、单独贮藏。

绿色食品甜瓜生产技术规程
DB4109/T 145—2017

1 内容与适用范围

本技术规程介绍了绿色食品甜瓜种植的环境条件、茬次安排、品种选择、育苗、定植、田间管理和病虫害防治技术。本规程适用于本辖区内绿色食品甜瓜的生产。

2 使用引用标准

下列文件对于本文件的应用是必不可少的。凡是注日期的引用文件，仅所注日期的版本适用于本文件。凡是不注日期的引用文件，其最新版本（包括所有的修改单）适用于本文件。

NY/T 391—2013《绿色食品　产地环境质量》

NY/T 393—2013《绿色食品　农药使用准则》

NY/T 394—2013《绿色食品　肥料使用准则》

NY/T 658—2015《绿色食品　包装通用准则》

NY/T 1056—2006《绿色食品　贮藏运输准则》

3 环境条件

3.1 环境情况

基地周围环境质量符合 NY/T 391—2013《绿色食品 产地环境质量》标准的要求。

3.2 前茬作物

基地前茬作物为"小麦—玉米"一年两熟耕作制度，3 年内没有种植过棉花、茄果类蔬菜等作物。

3.3 土壤条件

选择地势平坦，排水方便，土壤耕层深厚，保肥保水力强，土壤结构好，理化性状适宜，有机质含量高，土壤中速效 N、P、K 含量高的壤土或沙壤土地块。

3.4 灌水条件

种植灌溉用水全部采用 50m 以下地下水，方圆 3 000m 内没有工矿污染水源。

3.5 危险物品的管理

严格执行危险物品的管理规定，对于国家和行业规定不允许在农作物、蔬菜上使用的有毒、有害的农药，除草剂及化学制剂，不允许进入基地。对于生产中使用的符合绿色食品蔬菜生产的农药、肥料、调节剂等化学制剂，严格按照危险物品的管理规定专人管理，单独存放，严禁在棚内和田间存放。

4　茬次安排及品种选择

4.1　全年茬次

栽培方式	播种期	定植期	收获期	育苗场所
冬季温室	11月下旬至12月上中旬	12月中下旬至1月底	3月底至6月	温室
早春大棚	2月上中旬	3月中下旬	5—6月	温室阳畦
春露地地膜	3月中旬	4月下旬	6—7月	阳畦

4.2　品种选择

生产上可选用青玉、绿宝石、白沙蜜、豫甜香、豫甜蜜、星甜18、绿肉蜜宝等适合濮阳地区生产的品种。

5　育苗

5.1　营养土配制

选未种过瓜类的大田土和腐熟的有机肥按6∶4的比例配制，营养土要过筛，充分混匀，将营养土装入营养钵或做成厚13cm的苗床。

5.2　浸种催芽

用55~60℃的水浸泡种子，水量为种子量的5~6倍，边倒种子边搅拌，待水温降到30℃左右时停止搅动，然后浸种3~4h。将浸过的种子用湿布包好，放在25~30℃条件下催芽，70%种子出芽后播种。

5.3 播种

当苗床 10cm 地温稳定通过 18℃时，将种子播种在预先准备的苗床上，覆土 1cm（适当稀播），用营养钵育苗的种子可直接播到营养钵内。播后注意加盖小拱棚。

5.4 温度管理

出苗前地温保持 28~30℃，出苗后揭去小拱棚，白天气温掌握在 25~28℃，夜间 13~15℃。

6 定植

6.1 整地施肥

地膜覆盖的地块，每亩地施腐熟农家肥 6 000kg、硫酸钾复合肥 50kg（塑料大棚日光温室，每亩腐熟农家肥 10 000kg、硫酸钾复合肥 50kg），深翻 30cm，使土肥混匀。

6.2 作垄

在温室大棚内，采取南北方向按照行距起垄，垄高 15~20cm，采取宽窄行 80cm、70cm，平均行距 75cm，株距 40~50cm，平均株距 45cm，这种种植方式有利于甜瓜主、侧根吸收养分。

地膜覆盖行距为 150~160cm，株距为 30cm。

6.3 定植

将苗定植在垄肩或垄背上（嫁接苗接口距垄面 1cm 以上），株距 45cm，先开定植穴，穴内浇水，然后定植苗，苗坨与四周土壤密接，3~5d 后浇水，水面不能超过苗坨坨面。浇水后及时中耕松土。温室大棚采取吊蔓管理，密度为

1 800~2 200株/亩。麦垄套种采取"小麦—甜瓜"间作套种，种一楼小麦，留一楼预留行，在预留行内种甜瓜，种植密度700株/亩。

7 田间管理

7.1 温度管理

定植后地温要达到18℃以上，气温白天为30℃，夜间为16℃以上，以促进根系恢复生长。缓苗后白天为26~28℃，夜间为12~14℃，开花坐果期白天为27~30℃，夜间为15~20℃。

7.2 水肥管理

定植后浇足水，一般4月上旬结合浇水亩施腐殖酸30kg，在补肥的基础上提高地温，到坐瓜期不再浇水，4月中旬当瓜达核桃大小时结合浇水，亩施田园壮20kg，膨瓜期保持水分充足，4月中旬瓜色转白时浇一水，亩施用施它绿20kg。

7.3 植株调整

采用单蔓整枝，在第14~16节位上留子蔓结瓜（以下侧枝全部去掉），留1~2个瓜，子蔓坐瓜后瓜前留1~2叶摘心，第一茬1~2个瓜成熟时，在主蔓第22~25叶位上再选留3个子蔓结二茬瓜，留2个，子蔓坐瓜后瓜前留1~2片真叶后去掉生长点。主蔓留28~30片叶去掉生长点。

7.4 人工授粉

在早晨7—10时，手摘雄花，剥开花冠用雄蕊涂抹雌花的雌蕊，每朵雄花涂抹2~3朵雌花，也可用多雄授多雌，进行复合授粉，提高坐瓜率。

8 病虫害防治

8.1 病害

甜瓜病害主要有枯萎病、白粉病和叶枯病。

8.1.1 枯萎病

A. 轮作：与叶菜作物轮作。

B. 种子消毒：采用温烫浸种消毒，将种子用清水搓洗干净后，用55℃水浸泡15min，以使种子表面病菌灭活。

8.1.2 白粉病

A. 培育壮苗，防止徒长和早衰，选用抗病品种。

B. 药剂防治，发病后，4月中旬亩用50%多菌灵可湿性粉剂50g，对水60kg叶面喷雾防治，同时也兼治枯萎病。

8.1.3 叶枯病

A. 选用无病种子。

B. 轮作倒茬不与葫芦科作物连作，不与大棚黄瓜邻作。

C. 防止大水漫灌，早期发病叶及时摘除烧毁或深埋。

D. 开花后及时防治。进入开花期后日均温在25℃以上，掌握发病前5月中旬亩用80%代森锰锌可湿性粉剂120g对水60kg叶面喷施进行预防。

8.2 虫害

甜瓜虫害主要是蚜虫、斑潜蝇。

8.2.1 温室大棚内采用黄板诱虫，设施内悬挂黄板诱杀虫，黄板规格25cm×40cm，每个棚内悬挂30~40块。

8.2.2 5月中旬用5%的吡虫啉乳油30g，对水45kg叶面防治蚜虫，效果较好。

9 收获

甜瓜以成熟瓜上市，采收过早成熟度不够，质量差，甜度小，一般果实变白发黄有光泽为采收适期。果实采收严格按照生产技术规程，收获前 20d 不用药，为保证商品瓜的质量和品质，开始采收，3~5d 采收一次，盛收期每天采收一次，收瓜时要轻摘轻放，采收后及时上市，以免影响甜瓜的商品价值。

绿色食品温棚菜椒生产技术规程
DB4109/T 146—2017

1 内容与适用范围

本标准介绍了温棚菜椒的温度、水肥管理和病虫害防治技术。本技术规程适用于本辖区内冬春一大茬菜椒的生产。

2 使用引用标准

下列文件对于本文件的应用是必不可少的。凡是注日期的引用文件，仅所注日期的版本适用于本文件。凡是不注日期的引用文件，其最新版本（包括所有的修改单）适用于本文件。

GB 16715.3—2010《瓜果作物种子 茄果类》

NY/T 391—2013《绿色食品 产地环境质量》

NY/T 393—2013《绿色食品 农药使用准则》

NY/T 394—2013《绿色食品 肥料使用准则》

NY/T 655—2012《绿色食品 茄果类蔬菜》

NY/T 658—2015《绿色食品 包装通用准则》

NY/T 1056—2006《绿色食品 贮藏运输准则》

3 环境条件

3.1 环境条件

绿色食品温棚菜椒生产基地环境应满足《绿色食品 产地环境质量》（NY/T 391—2013）的条件。

3.2 前茬作物

前茬作物以"小麦—玉米"一年两熟耕作制度为主，主要种植禾本科作物，3 年内没有种植过棉花、蔬菜等作物。

3.3 土壤条件

地势平坦，排水方便，土壤耕层深厚，属重壤土土质，土壤保肥保水力强，土壤结构好，理化性状适宜，有机质含量高，土壤中速效 N、P、K 含量高。

3.4 灌水条件

菜椒种植灌溉用水全部采用 50m 以下地下水，方圆 2 000m 内没有工矿污染水源。

3.5 环境质量

基地环境质量符合绿色 NY/T 391—2013《绿色食品 产地环境质量》的要求。

3.6 危险物品的管理

严格执行危险物品的管理规定，对于国家和行业规定不允许在农作物、蔬菜上使用的有毒、有害的农药，除草剂及化学制剂，不允许进入园区。对于生产中使用的符合绿色食品蔬菜生产的农药、肥料、调节剂等化学制剂，严格按照危险物品的管理规定专人管理，单独存放，严禁在棚内和田间存放。

4 产量指标

本技术规程的产量指标为 4 000kg/亩。

5 栽培与管理

5.1 种苗来源

绿色菜椒的栽培种苗全部来源于工厂化育苗。

5.2 定植前的准备

5.2.1 有机肥的沤制

每亩地施用优质稻壳鸡粪 15m³，使用前全部沤制腐熟。

5.2.2 温室大棚的消毒

夏季高温季节密闭棚室 7~10d，杀灭土壤中部分病原菌，对猝倒、立枯、枯萎病等多种病害有预防作用。

5.2.3 基肥的使用

耕地前每亩使用制腐熟好的优质稻壳鸡粪 15m³，N—P—K = 20：20：20 的三元复合肥 50kg，沃土丹生物有机肥（含有益菌 2 000万/g）150kg，肥料使用要均匀，无缝施肥。

5.2.4 耕地、平整土地

采用机械耕作方式，耕深 30cm 以上，土壤耙细、整平，东西高差小于 10cm，南北高差小于 5cm。

5.2.5 高起垄栽培

通过多年的实践证明，采用高起垄栽培能有效地预防菜椒沤根，减少腐霉菌根腐病、疫霉菌根腐病、枯萎病、茎基腐病等土传病害的发生。具体操作的方法是，行距 70cm，操作行沟深 35~40cm，栽培行沟深 15cm。

5.2.6 浇水

菜椒定植前，对于土壤含水量不足的棚要造墒，同时栽培行要浇水平水，找水平线，这样菜椒就能栽到同一高度，有利于返苗，防止大小苗分化。

5.2.7 设置防虫网

定植前将大棚前沿及放风口安装东西走向的 60 目防虫网，防虫网安装要牢固，不留缝隙，防止害虫钻入棚内。

5.3 定植

园区冬春—大茬菜椒定植时间为 8 月 30 日—9 月 17 日，分 4 批栽苗定植，定植选择晴天下午或多云天气进行，防止温度过高造成秧苗萎蔫，定植时穴施激抗菌"968"2~3kg/亩或者用激抗菌"968"沾根，预防死棵，然后随栽随浇定植水，水量以浇透为宜，定植时不可将土坨埋得过深，严禁将茎基部埋住，以防高温高湿造成多种土传病害发生。

5.4 定植到花果期的管理

定植到开花期管理的重点是以促进根茎下扎，培养壮苗为原则，为达到苗全、苗齐、苗壮的目的要做好以下几个方面的工作。

5.4.1 温度管理

白天温度应控制在 30~32℃，有利于菜椒秧苗的生长。

5.4.2 中耕松土

这个阶段要进行多次中耕，第一次中耕近苗处深 2~3cm，栽培沟内深 5~10cm；第二次中耕可视苗情进行深耕，近苗处 3~5cm，栽培沟内深 10~20cm。中耕掌握的原则：距离苗越近中耕越浅，距离苗越远中耕越深。中耕目的：一是为了疏松土壤，防止土壤板结；二是为促进根系下扎，促进根系生长；三是为了除草，减少病虫害发生。

5.4.3　肥水管理

定植到花果期这一阶段温度高，要保持土表见干见湿，应小水勤浇，防止大水漫灌。施肥要视苗情而定，对于小苗弱苗，可冲施高氮型冲施肥每亩 2.5～5kg；对于壮苗可喷施高磷、高钾型叶面肥，促进花芽分化，防止落花落果；对于徒长秧苗要控肥控水，必要时可以用助壮素每亩 750 倍叶面喷施，控制徒长。

5.4.4　整枝，疏花疏果

进入花果期可采用 4 干整枝技术，每棵苗留 4 个主干，其余的枝杈留两个花蕾把头掐掉，这样既有利于通风透光，又可以节约和调控菜椒养分的供应，提高果品的品级和质量。

疏花疏果要视苗情分别对待。对于长势强壮的秧苗可留门椒、对椒，对于长势弱的苗要疏掉门椒、对椒，以促进发棵壮苗。

5.4.5　病虫害的防治

虫害的防治以蚜虫、白粉虱、蓟马、茶黄螨、菜青虫为主。可选择高效、低毒符合国家及行业认证标准的生物源农药，例如，多杀霉素、苦参碱、甲维盐，阿维菌素等。地下害虫可采用灌根的方法处理。病害的预防以土传病害为主。

5.5　盛花盛果期的管理

5.5.1　温度管理

白天温度应该保持在 25～28℃，这样有利于叶面光合作用的进行，夜晚上半夜温度保持在 15～18℃，有利于菜椒植养分的运输和转化；下半夜温度保持在12～15℃，有利于减少呼吸作用，减少养分的消耗。棚内空间湿度，晴天的中午保持在 75% 左右，有利于菜椒授粉，提高坐果率，下午湿度降至 45%～60%，有利于防止病害的发生。

进入 11 月后，气温下降要做好以下几个方面的工作。第一，地膜覆盖，保持地温，防止水分蒸发，降低棚内空间湿度。第二，装上草帘、棉被防止寒流侵袭。随着冬天气温的下降，保温降湿成为主要的管理任务，要做好多项保温增温措施，例如，二层膜的应用，增设反光增温板，增加棉被的厚度，棉被外面加盖增温防雨膜。

冬季温度是菜椒生长的第一要素，棚内气温低于 12℃菜椒停止生长，低于 5℃有发生冻害的危险。地温低于 16℃根对于磷的吸收受到影响，低于 12℃根毛脱落，影响菜椒正常生长。所以冬季增加棚内温度，土壤温度是重中之重的工作，也是防止因低温造成的畸形果的重要措施。

春季随着气温的上升，防止高温造成危害也是不可忽视的，棚内温度高于 32℃两个小时以上造成花芽发育不良，形成畸形果。棚内温度高于 35℃菜椒停止生长，正常的管理中棚内温度达到 30~31℃要及时通风降温，使棚内的温度保持在 25~28℃，有利于菜椒正常生长，下午温度降到 18℃以下再合闭风口。

5.5.2 肥水管理

冬前肥水管理是保持菜椒正常生长，同时又能保持地温不下降的重要环节之一，要求做到小水隔行浇水，防止地温下降，肥料要使用含黄腐酸，腐殖酸系列的含有机质高的全溶性高钾型冲施肥。每次每亩用 10~15kg，同时加施生根剂、生物菌剂，以养根、生根、护根为主，有利于增加植体的抗性。一定要防止水大伤根，肥大伤根，低温伤根。

2 月后随着温度的升高，可加大肥水的用量，促进发棵加速生长，菜椒膨果期每月施肥可以增加到 3~4 次，每次施用高钾型冲施肥每亩 15~20kg。

5.5.3 病虫害防治

冬季前由于低温高湿，茎、叶、果容易发生多种病害，这一阶段以防治菜椒疫病、灰霉病、菌核病、炭疽病、黑叶斑病、细菌性疮痂病为主，可以选择以下药品，80%三乙膦酸可湿性粉剂，70%的代森锰锌可湿性粉剂，20%塞菌铜悬浮剂，0.3%丁子香酚可溶液剂，2 亿/g 木霉菌可湿性粉剂，0.15%四霉素水剂，3%的中生菌素水剂等高效低毒低残留农药。也可选用腐霉剂、百菌清、菌核净烟雾剂进行防治。春季虫害的防治以蓟马、螨虫、蚜虫、白粉虱为主。

5.5.4 病虫害防治的原则

第一，物理防治。及时拔除重病株，摘除病枝、病叶、病果，带出棚外统一烧毁或深埋。

第二，黄板诱杀。用 10cm×20cm 板，涂上黄色涂料，同时涂上一层机油，挂在行间或秧间，每亩 30~40 块诱杀蚜虫、白粉虱。

第三，频振灯诱杀。每棚悬挂一盏频振灯诱杀成虫。

第四，生物防治。可选用施放天敌灭虫，如赤眼蜂、丽蚜小蜂。

第五，药剂防治。可优先选用粉尘法、烟熏法，在晴天的中午也可进行弥雾、喷雾防治，注意轮换用药，合理用药，防止病菌抗药性的发生。

6 采收及采后处理

6.1 检测

产品上市前需进行农药残留量检测，做到不检测不上市，不合格不上市。检测结果做好记录工作，样本保存至本批蔬菜销售结束后 3d。

6.2 采收

根据市场需求和菜椒商品成熟度分批及时采收。采收过程中所用工具要清洁、卫生、无污染。

6.3 分装、运输、储存

采后剔除病、虫、伤果，达到感观洁净。根据大小、形状、色泽进行分级包装。包装贮存容器要求光洁、平滑、牢固、无污染、无异味、无霉变，避免二次污染。储存时按照品种、规格分别储存，库内堆码应保持气流均匀流通。

绿色食品小果型西瓜春茬设施栽培技术规程
DB4109/T 147—2017

1 范围

本标准规定了绿色食品小果型西瓜春茬设施栽培的术语和定义、产地环境、栽培技术、病虫害防治和采收。本标准适用于小果型西瓜春茬设施栽培。

2 规范性引用文件

下列文件对于本文的应用是必不可少的。凡是注日期的引用文件，仅注日期的版本适用于本文。凡是不注日期的引用文件，其最新版本（包括所有的修改单）适用于本文。主要的引用文件包括：GB 4285 农药安全使用标准；GB 5084 农田灌溉水质标准；GB/T 8321.1 农药合理使用准则（一）；GB/T 8321.2 农药合理使用准则（二）；GB/T 8321.3 农药合理使用准则（三）；GB/T 8321.4 农药合理使用准则（四）；GB/T 8321.5 农药合理使用准则（五）；GB/T 8321.6 农药合理使用准则（六）；GB/T 8321.7 农药合理使用准则（七）；GB/T 8321.8 农药合理使用准则（八）；GB/T 8321.9 农药合理使用准则（九）；GB 16715.1 瓜类作物种子 第 1 部分：瓜类；GB/T 23416.3 蔬菜病虫害安全防治技术规范 第 3 部分：瓜类；NY/T 496 肥料合理使用准则 通则；NY/T 5010 无公害农产品种植业 产地环境条件；DB41/T 653 西瓜嫁接育苗技术规程。

3 术语和定义

下列术语和定义适用于本文。

3.1 小果型西瓜

单果质量不大于 2.5kg、果实发育期短、品质优良的西瓜。

3.2 春茬栽培

2—3 月定植在日光温室或塑料大棚的栽培模式。

4 产地环境

4.1 选地

宜选 2 年内未种植过西瓜、甜瓜作物的地块。土壤条件应符合 NY/T 5010 的规定。

4.2 水源及水质

要使用清洁、无污染的水源，灌溉水质应符合 GB 5084 的规定。

5 栽培技术

5.1 品种和种子

5.1.1 品种选择

选择抗逆性强、易坐果、品质优良、稳产、商品性好、适合市场需求的早熟西瓜品种。

5.1.2 种子质量

种子质量应符合 GB 16715.1 的规定。

5.2 育苗

5.2.1 时间

根据栽培季节不同，在定植前 25～30d 育苗。

5.2.2 场所

选择保温、保湿、通风和透（遮）光良好、管理、运输方便的育苗场所。

5.2.3 方式

（1）自根苗：种子处理按 DB 41/T 653 的规定执行。

（2）嫁接苗：按 DB 41/T 653 的规定执行。

5.2.4 方法

（1）催芽。有籽西瓜种子浸种后用布卷或者发芽箱隔板分层放置于 28～32℃ 环境中催芽 24～48h，分批捡出露出芽尖的种子待播。三倍体西瓜种子浸种后擦净种子表皮水分，用钳子或牙齿轻轻嗑开坚厚的种喙（又称"破壳"），然后用不能拧出水分的湿布分层包好，置于 28～33℃ 的温度下催芽 12～36h，分批捡出露出芽尖的种子待播。

（2）播种。选用催芽后露出根尖的种子，平放于育苗穴盘中，1 穴 1 粒，上盖 1.5～2.0cm 厚的湿润育苗基质或者湿沙。

（3）温度、湿度管理。白天保持 20～28℃，夜间 15℃ 左右。当真叶开始生长时，应逐渐加大通风，增加光照，促使幼苗正常生长。第 2 真叶展开时，采取较大温差管理，白天 28℃ 左右，夜间 15℃ 左右，以促进幼苗健壮生长。遇到阴雨天苗床湿度过大时，可撒细干土，坚持每天通风，保持空气流通。

（4）肥水管理。播种前浇足底水，出土前严禁浇水。第 1 片真叶展开后随着放风量的加大，中午苗子出现萎蔫时可使用带细喷头的水管或喷壶浇透水。根据幼苗长势和叶色，浇水时随施 0.1%～0.2% 的尿素溶液或 0.2% 的磷酸二氢钾溶液，浇施在苗面上，浇施均匀。

（5）炼苗。在定植前 3d，选择晴暖天气，结合浇水，喷 1 次防病药剂，降低苗床温度，增加通风量，适当抑制幼苗生长，增强抗逆能力。

5.2.5 壮苗标准

苗龄 25～30d，苗高 6～13cm，真叶 3～4 片，叶色浓绿，子叶完整，幼茎粗壮。

5.3 定植前准备

5.3.1 整地

定植前深耕 25cm 以上，将基肥均匀撒施，每亩施优质腐熟有机肥 2 000～3 000kg，复合肥（氮：磷：钾 = 15：15：15）20kg。定植宽度 60～70cm、高度 15～18cm，沟心距离 1.5m。

5.3.2 铺设地膜与滴灌带

在定植垄上铺设滴灌带和覆膜。

5.4 定植

5.4.1 时间

定植行内 10cm 处地温应稳定在 12℃ 以上，白天平均气温稳定超过 15℃，选晴天定植。具体开始定植时间，日光温室在 2 月上旬，双层覆盖大棚在 2 月下旬，单层覆盖大棚在 3 月上旬。

5.4.2 密度

采用宽窄行定植，宽行行距 90cm，窄行行距 60cm，株距 40～45cm。

5.4.3 方法

按照 5.4.2 要求的株距，开定植穴，再放入西瓜苗，定植时应保证幼苗茎叶与苗坨的完整，定植深度以苗坨上表面与畦面齐平或稍低（不超过 2cm）为宜，培土至茎基部，并封住定植穴，浇足定植水。

5.5 田间管理

5.5.1 温度、湿度管理

定植后 7~10d，要密封棚膜，不通风换气，提高土温，促进发根，加快缓苗。缓苗后可开始通风，以调节棚内温度。伸蔓期一般白天不高于 35℃，夜间不低于 15℃，随外界气温的回升逐渐加大通风量。大棚内的温度管理可以通过通风口的大小进行调节。开花期应保持充足的光照和适当拉大昼夜温差，保持和调整植株长势，促进瓜胎发育和坐瓜。膨瓜期白天保持棚温 35℃，夜间不低于 20℃，加快果实膨大。成熟期，拉大昼夜温差，促进糖分积累和第 2 批瓜坐果。大棚内空气相对湿度较高，虽采用地膜全覆盖，降低了棚内空气湿度，但随植株蔓叶封行后，由于蒸腾量大，灌水量的增加，棚内湿度增高。白天相对湿度一般在 60%~70%，夜间和阴雨天在 80%~90%。为降低棚内湿度，减少病害，可采取晴暖白天适当晚关闭放风口，尽量减少灌水次数来实现。生长中后期，以保持相对湿度 60%~70% 为宜。

5.5.2 水肥管理

（1）水分管理。定植水应滴足、滴透，膜下土壤全部湿透且浸润至膜外部边沿土壤。伸蔓初期滴灌浇水 1 次，以后每隔 5~7d 滴灌浇水 1 次。坐果后每亩追施 N 12kg、P_2O_5 7kg、K_2O 10kg，采用水溶性肥料，随水滴施。果实采收前 5~7d 停止滴灌浇水。

（2）施肥。生长前期以有机肥为主，配施氮、磷、钾复合肥，后期追施磷钾速效肥。肥料使用按 NY/T 496 规定执行。

5.5.3 植株调整

采用双蔓或者 3 蔓整枝，待瓜蔓长 40~50cm 时，将主蔓吊起，侧蔓地爬。

5.5.4 辅助授粉

（1）人工授粉。在植株第 2 雌花开放时，每天 7：00—10：00 用当天开放的雄花花粉均匀涂抹在雌花柱头上，一般 1 朵雄花可授 3~5 朵雌花。无籽西瓜的雌花用有籽西瓜（授粉品种）的花粉进行授粉。授粉后在坐果节位拴上不同颜色的绳子（或标牌），3d 换 1 次。第 1 茬瓜定个后（大约授粉结束后 20d）选择健壮雌花授粉，做好授粉标记，留 2 茬瓜。

（2）蜜蜂授粉。在西瓜开花传粉前 1 周，将蜂箱搬进大棚。1 箱微型授粉专用蜂群可用于 667m² 左右瓜棚，在晴朗天气，为西瓜有效授粉 6~10d 即可。每箱有蜜蜂 1~2 框（2 000~4 000 只）。

5.5.5 选果留果

幼果长至鸡蛋大时，及时剔除畸形瓜，选健壮果实留果，一般每株只留 1 个果。

5.5.6 果实管理

幼果长至拳头大时将幼果果柄顺直，然后在幼果下面垫上瓜垫。吊蔓栽培时，在果实约 500g 时用网袋将小瓜吊在铁丝上，防止损伤果柄和果皮。

6 病虫害防治

6.1 主要病虫害种类

西瓜的主要虫害有小地老虎、瓜蚜、瓜叶螨、瓜蓟马、瓜实蝇、潜叶蝇、白粉虱和线虫等，主要的病害有猝倒病、疫病、炭疽病、白粉病、蔓枯病和枯萎病等。

6.2 防治原则

预防为主，综合防治。

6.3 防治方法

6.3.1 农业防治

减少重茬，施用充分腐熟的有机肥，提倡全园覆膜，滴灌浇水，加强通风。

6.3.2 物理防治

防虫网封闭放风口，采用黄板、蓝板诱杀。高温季节，封死棚膜、地膜，灌水闷棚 3~5d。

6.3.3 化学防治

化学农药按 GB 4285、GB/T 8321.1、GB/T 8321.2、GB/T 8321.3、GB/T 8321.4、GB/T 8321.5、GB/T 8321.6、GB/T 8321.7、GB/T 8321.8 和 GB/T 8321.9 的规定执行，要注意农药使用的安全间隔期，确保产品质量安全。

7 采收

7.1 成熟度的判别

7.1.1 标记法

做好标记，依据生长时间，品种特性结合摘样试测，确定成熟度。

7.1.2 经验识别法

成熟的西瓜果皮光亮，花纹清晰，显示本品种固有色泽，果脐凹陷，果蒂处略有收缩，果柄上的茸毛脱落稀疏，结果部位前后节位卷须枯萎。

7.2 采收时间

短距离运输时，可在果实完全成熟时采收。长途运输在完全成熟前 3~4d 采收。雨后、中午烈日时不应采收。

7.3 采收方法

采收时保留瓜柄，用于贮藏的西瓜在瓜柄上端留 5cm 以上枝蔓。采收后防止日晒、雨淋，及时运送出售，暂时不能装运的，应放在阴凉处存放，要轻拿轻放。

8 包装、运输及贮藏

8.1 包装

包装上标明品名、规格、毛质量、净质量、产地、生产者、采摘日期、包装日期。采用硬纸箱包装。每箱装瓜 4~6 个，只装 1 层，每个瓜均用发泡网袋包好，然后用打包机捆扎结实。

8.2 运输及贮藏

运输工具应清洁、卫生、无污染，运输时要防雨、防晒，注意通风散热；运输适宜温度为 4~6℃，空气相对湿度为 80%~85%。适宜的贮藏温度为 5~7℃，空气相对湿度为 70%~80%，库内堆放时应气流均匀畅通，贮藏期 2~5d。

9 田间档案

小果型西瓜生产过程中，应建立田间档案，并妥善保存，以备随时查阅。

绿色油葵生产技术规程
DB4109/T 149—2017

1 范围

本规程规定了绿色油葵每亩 200~300kg 的产地环境技术条件，肥料农药使用原则和要求，生产管理技术要求。清丰县绿色油葵的产地环境条件、栽培技术管理、病虫害防治及采收措施。

本规程适用于濮阳市绿色油葵种植区。

2 规范性引用文件

下列文件对于本文件的应用是必不可少的。凡是注日期的引用文件，仅所注日期的版本适用于本文件。凡是不注日期的引用文件，其最新版本（包括所有的修改单）适用于本文件。

NY/T 391—2013 绿色食品 产量环境质量标准

NY/T 393—2013 绿色食品 农药使用准则

NY/T 394—2013 绿色食品 肥料使用准则

NY/T 658—2015 绿色食品 包装通用准则

3 术语和定义

下列术语和定义适用于本标准。

3.1 油葵

指油用向日葵。

4 要求

4.1 产地环境

产地环境应符合 NY/T 391—2013 绿色食品产地环境质量标准要求，选择生态条件良好，远离污染源，具有可持续生产能力，地势平坦，耕作层深厚肥沃，活土层 25cm 以上，且土体结构良好，无明显障碍因子。高产田 0~20cm 土壤有机质含量 ≥ 13g/kg，全氮 ≥ 0.85g/kg，有效磷 ≥ 16mg/kg，速效钾含量 ≥ 100mg/kg。

4.2 肥料使用准则

肥料使用原则应符合 NY/ T394—2013 规定，禁止使用未经国家或省级农业部门登记的化学和生物肥料，禁止使用重金属含量超标的肥料（有机肥和矿质肥料）。

4.3 农药使用准则

农药使用应符合 NY/T 393—2013 的规定。合理混用、轮换交替使用不同作用机制或具有负交互抗性的药剂，克服和推迟病虫抗药性的产生和发展。

4.4 病虫害防治原则

贯彻"预防为主，综合防治"的植保方针，从产地生态系统的稳定性出发，综合应用农业防治、生物防治、物理防治和化学防治等措施，控制病虫害的发生和为害，保持良好的生态环境。

5 栽培技术

5.1 用种量

穴播每亩用种量 400~500g，采用条播时适量增加。

5.2 备种

5.2.1 选择优良品种

选择优质、高产、抗逆性强的品种。如嘉葵 667、矮大头 567DW、G101。

5.2.2 播种准备

可选用 50% 的多菌灵可湿性粉剂 500 倍液，按种子重量的 0.3%~0.5% 进行称量浸种。将称量好的多菌灵可湿性粉剂和油葵种子倒入水中进行搅拌，浸种 6h 左右，可以有效地防治葵花菌核病。浸种后将它们取出，在阴凉处晾晒 2~3d。此外，还可用 40% 辛硫磷乳剂 100mL，对水 300mL 稀释，对晒干的种子再进行拌种，这样做可以预防地下害虫。将种子晾晒 2~3d，以提高种子发芽率。

如果选用包衣种子，每 500g 油葵种子使用 60% 吡虫啉 10mL 拌种，晾（晒）种 3~4d，可提高发芽率和杀死种子表面的病菌。

5.3 整地施肥

播前整地，耕翻深度宜在 20~25cm，达到地平、土碎、墒好。每亩施腐熟有机肥 1 500~2 500kg，化学肥料应重施磷钾肥、轻施氮肥，亩可施获得绿标质量认证的复合肥（8—20—20）20~30kg。

5.4 播种

5.4.1 播种期

按季节划分有春播和夏播。

5.4.1.1 春播

春播播种期的选择以花期避开高温期为原则,在地上气温稳定在 10℃ 以上,地温稳定在 8~10℃ 时即可播种。一般为 4 月上旬。

5.4.1.2 夏播

夏播油葵适宜播期为 6 月中下旬,这样可使夏播油葵开花期避开高温高湿天气,避免烂盘和授粉不良造成的损失。

5.4.2 播种方法

人工穴播,或机播耧播(将玉米、大豆播种机稍加改造即可用于油葵播种),密度每亩 3 500~4 000 株。播种方式可采用等行距,一般行距为 60cm,或宽窄行播(大行距为 80cm,小行距为 50cm),株距为 30~37cm。播深视土壤墒情深度以 3~5cm 为宜。

5.5 田间管理

5.5.1 化学除草

耙地前每亩用 33% 二甲戊灵乳油 150~200mL,对水 15~20kg,进行土壤处理,用喷雾器均匀喷雾,做到不重喷,不漏喷,喷后立即用轻型圆盘耙耙耱,使药土混匀,耙耱深度 4~5cm;或三叶期每亩使用 5% 精喹禾灵乳油 50~80mL,对水 25~30kg,对杂草茎进行喷雾,喷药后少量喷水,可提高药效。

5.5.2 查苗、补苗

由于油葵是双子叶作物,子叶大,出苗比较困难,尤其是整地质量不好,天气干旱少雨时,易造成缺苗。点播时可在行间播种备用苗,缺苗时及时移苗补栽,移栽时要坐水栽植或雨后及时移栽。

5.5.3 间苗与定苗

当油葵第一对真叶展开时进行间苗,第二对真叶展开时进行定苗。要求留苗均匀,去弱留壮、去病留健,不留双株。

5.5.4 中耕培土

油葵生育期内要进行 2~3 次中耕,第一次中耕结合间苗进行,第二次中耕定苗一周后进行，第三次中耕在现蕾前进行。结合中耕每亩追施获得绿标质量认证的高氮复合肥15kg，施肥深度以 8~10cm 为宜，并结合中耕进行培土，培土高度为 10cm 以上，以促进油葵根深叶茂，防止倒伏。

5.5.5 打杈、打叶及辅助授粉

有些品种在花盘形成期，油葵中上部的腋芽会长出分枝，形成的花盘小，籽粒不饱满，还会影响到主茎花盘的发育。因此要及时摘除分枝，促进主茎花盘的生长。对于过于繁茂或叶片有病斑发生的，以及下部的老黄叶要及时摘除，以利于通风透光。

油葵是虫媒异花授粉作物，自交结实率极低，主要靠蜜蜂、昆虫传粉结实。开展蜜蜂或人工辅助授粉，可提高结实率。5~7 亩地需放一箱蜂。在蜂源缺乏的地方，需进行人工辅助授粉，人工辅助授粉可提高油葵的结籽率，时间应从花盛开时开始进行人工授粉，方法是将相邻的两个花盘相互轻按，隔 3~5d 进行一次，共授粉 2~3 次，每次授粉时间在早晨露水干后的上午 9—12 时或下午 3—6 时。

5.5.6 肥水管理

油葵对氮肥的吸收前期较少，后期较多。夏播油葵从苗期到现蕾期间每亩追施 15kg 获得绿标质量认证的高氮复合肥。花期和灌浆期可叶面喷施含氮、磷、钾及微量元素的具有绿色环保标志的肥料，隔 10d 喷一次，连喷 2~3 次。注意追肥时，肥量不宜过大，离植株不宜太远（一般 15cm）。否则，因花盘过大，易倒伏、烂盘、造成减产。

油葵生长前期需水量小，夏季雨量充沛，现蕾前一般不需浇水，若雨水过多还会造成徒长。地表积水时，应及时排水，防止烂根死亡。在现蕾至灌浆期，如遇到旱情，应及时浇水。开花期一定要保证水分的充足供应，如遇干旱要适量浇水，一般在终花后 15d 内灌足最后一次水。

6 主要病虫害及其防治技术

6.1 防治原则

按照"预防为主，综合防治"的植保方针，坚持以"农业防治、物理防治、生物防治为主，化学防治为辅"的无害化原则。

6.2 防治方法

6.2.1 农业防治

选用优质高抗品种，培育适龄壮苗；切忌连作种植，同一块地至少要间隔3年以上；重施磷钾肥、轻施氮肥，及时打杈、培土封垄，改善大田通风透光条件，暴雨后及时排出积水，实现健身栽培，提高抗病性。

6.2.2 物理防治

田间悬挂黄色粘虫板或黄色板条（25cm×40cm），其上涂一层机油，每亩悬挂30~40块，粘杀斑潜蝇、粉虱等小型昆虫。

6.2.3 生物防治

油葵苗期和蕾期重点查治棉铃虫，可采用放赤眼蜂办法防治，也可以在害虫产卵高峰期，每亩用Bt（生物杀虫剂）可湿性粉剂50~70g，对水喷雾防治，每隔4d喷1次，连续喷施3~4次。

6.2.4 化学防治

使用药剂防治应符合NY/T 393—2013的要求。严格掌握农药安全间隔期、使用剂量、次数等技术，合理用药。

6.2.5 主要病虫害防治选药、用药技术

6.2.5.1 虫害

油葵害虫主要是钻心虫、棉铃虫。防治方法：①清除田间地边的杂草，减少虫害产卵场所。②化学药剂防治：用10%的吡虫啉1 000倍液喷雾防治。钻心虫

发生较重的可在现蕾期和开花授粉后用40%毒死蜱800倍液或0.2%苦皮藤素乳油1 000倍液等杀虫剂喷雾两次进行防治。注意在始花至终花期内15d内不能喷药，以免杀死蜜蜂造成受粉不良。

6.2.5.2 病害

6.2.5.2.1 菌核病

选择抗病品种，需要时，可用浓度为25%的咯菌腈拌种；苗期可用浓度为3%的腐霉利药液灌根。花期如降水偏多，在现蕾前后用1∶(500~800)倍的多菌灵药液喷雾，每隔10d喷一次，还可用2%宁南霉素200~250倍液喷雾，每隔7~10d喷1次，连喷2次。

6.2.5.2.2 锈病

选择抗病品种，需要时，可用50%的三唑酮或70%甲基硫菌灵可湿性粉剂800~1 000倍液喷雾，连喷2次，间隔期为7d。

6.2.5.2.3 褐斑病

选择抗病品种，需要时，可用80%代森锰锌可湿性粉剂600~800倍液或25%吡唑醚菌酯悬浮剂1 000~1 500倍液喷雾。

6.2.5.2.4 疫病

受到连阴、湿度大时注意及时防病，在发病前一定要喷药进行保护防治。药剂选用80%代森锰锌可湿性粉剂600~800倍液或25%甲霜灵可湿性粉剂800~1 000倍液。

6.2.5.3 喷药时间

一般于晴天下午4时后喷药。若喷药后8h内降雨，雨后天晴应重新喷药。

7 适时收获

盛花后约20d，植株上部4~5片叶和茎秆上部及花盘背面变黄，苞叶变褐，籽粒变硬时即可收获。收获不宜过早或过晚，过早含水量较高，过晚易霉变，均影响产量和含油量。收获后立即在晒场上摊开晒干、扬净防止霉变。

绿色食品香菇生产技术规程
DB4109/T 150—2017

1 范围

本标准规定了绿色食品香菇生产的环境条件、工艺流程、栽培措施、采收和病虫害防治技术规程。

本标准适用于清丰县绿色食品香菇的生产。

2 规范性引用文件

下列文件中的条款通过本标准的引用而成为本标准的条款。凡是注日期的引用文件，其随后所有的修改单（不包括勘误的内容）或修订版均不适用于本标准，然而，鼓励根据本标准达成协议的各方研究是否可使用这些文件的最新版本。凡是不注日期的引用文件，其最新版本适用于本标准。

GB 5749 　　生活饮用水卫生标准

GB/T 12728—2006 　　食用菌术语

NY/T 391—2000 　　绿色食品 　产地环境条件

NY/T 749—2003 　　绿色食品 　食用菌

NY/T 393—2000 　　绿色食品 　农药使用准则

NY/T 658—2000 　　绿色食品 　包装通用准则

3 术语和定义

GB/T 12728—2006 和 NY/T 391—2000 确定的术语和定义适用于本标准。

4 栽培环境条件

栽培场地环境应符合 NY/T 391—2000 的规定,并应地势较高,背风向阳,近水源,卫生条件良好的环境,禁止与化工厂、污水沟、医院等靠近,防止造成环境污染。

5 栽培基质

主要采用不含芳香油类抑菌物质,富含木质素、纤维素、半纤维素类物质的锯木屑、秸秆、棉籽壳等原料。要求木屑颗粒粗细 5mm 左右,新鲜、干燥、色泽正常、无霉烂、无结块、无异味、无混入有毒有害物质。

6 菌种质量

应为选定香菇菌种双核菌丝的纯培养体,菌龄 50~80d,在适温(20~25℃)条件下,定植期不超过 6d。

7 生产工艺流程

备料→配料→拌料→装袋→扎口→灭菌→冷却→接种→培养→脱袋→保湿→菌丝转白→倒伏转色→温差刺激→催蕾→通风控湿→采收→菌段通风养菌→注水→温差刺激、保湿→催蕾(重复出菇和采收管理)。

8　生产技术管理

8.1　菌棒制作

8.1.1　配方

木屑（栎树或果树木屑）70%～80%；棉籽壳 10%～15%；麸皮 10%～15%；石膏 1%；白糖 1%；料∶水＝1∶（0.8～0.9）。

8.1.2　配料

上述各种原料要称量准确，反复搅拌均匀。加水量视料的质量、天气情况等适当增加或减少。如晴天风大适当多些，阴天、雨天适当少些。

8.1.3　装袋

使用内袋 15cm×（52～55）cm×0.05mm、外袋 17cm×（55～60）cm×0.015mm 的低压高密度聚乙烯筒袋，用装袋机装袋。要求装料紧实、均匀，两端扎口，料筒湿重 1.4～1.8kg。

8.1.4　灭菌

常压灭菌炉灶内料温达 100℃保持（14～l6）h。

8.1.5　接种

接种箱空间消毒→装入料段→菌种预处理→消毒→打孔→接种→套袋→培养室培养。

8.2　发菌管理

8.2.1　培养场所

要求干燥、洁净、通风良好，避免直射光。

8.2.2　培养条件

控制培养温度为 23～25℃，适时、适量通风。

8.2.3　检查成活率与污染率

在料段接种后 4～7d 进行，以后结合翻堆，每周检查一次。

8.2.4　刺孔通气与翻堆

接种后第 10~15 天适时、适量刺孔通气，气温 20℃ 以下，堆形井字形，每层 3~4 筒；气温 25℃ 以上，堆形三角形，每层 3 筒。菌丝长满全段后再扎孔一次，孔数 60~80 眼，深 2.5m 左右。

8.3　菌段成熟标准

8.3.1　培养期

常规品种（60~80）d。

8.3.2　目测指标

菌段表面已有 70%~80% 转为褐色，有黄水出现，木屑米黄色，有香菇特有气味。

8.3.3　手感

手压菌段表面具有弹性，并有瘤状物突起。

8.4　出菇管理

8.4.1　阳畦设计

阳畦宽 1.5m，高 20cm，长度不限，畦与畦之间留 40cm 距离作通道，在畦的两旁插上 50cm 高的小木桩，地面留 30cm，每隔 2m 插 1 个小桩，木桩上按畦的长度固定一根小木杆，在小木杆上以间距 20cm 放一根竹竿（或铁丝或泥龙绳）两端固定在小木杆上。

8.4.2　基本设备和用具

喷雾器、干湿温度计、注水器、储水装置、割袋刀。

8.4.3　脱袋管理

脱袋→保湿→菌丝转白→倒伏转色。

8.4.4　转色标准

菌被棕褐色、均匀、有弹性。

8.4.5　水分管理

全过程保持水分干湿交替管理。脱袋模式的菌段喷水易分散出菇，浸水易成批出菇。春节前多采用喷水方法管理，春节后多用浸水方法管理。

8.4.6　通风管理

保持通风、空气新鲜。

8.4.7　光线管理

保持遮阳度70%左右，夏季遮阳度增加，冬季遮阳度减少。

9　采菇

采菇时一手按住菌袋，另一手捏菇柄基部，先左右摇动，再向上轻轻拔起。注意不要把菇根留在菌袋上。这样容易引起菌袋腐烂感染杂菌，也不要带起大块培养料，不然会损坏菌袋菌膜造成创伤变形，影响下茬菇蕾形成。要采大留小，不碰伤周围小菇蕾。

10　病虫害防治

10.1　防治原则

坚持预防为主，综合防治的植保方针，优先采用农业防治、物理防治、生物防治措施，尽可能做到出菇期不使用化学农药。在必须使用时做到使用安全药剂，合理用药，使用低毒低残留农药，药物不直接接触菌丝体和菇体，并在残留期满后再进行催菇出菇。要达到生产安全、优质绿色食品香菇的目的。

10.1.1　菇房清理、消毒

消毒：新菇房（棚）使用前1~3d地面撒一层石灰粉进行场所消毒；老菇房用每立方米用40%甲醛18mL和98%高锰酸钾晶体15g混合产生气体熏棚8h，或用99%的硫黄粉每立方米15g燃炭火熏棚24h后通风（3~5）h。

10.1.2 器具消毒

菌种瓶瓶身、瓶口及接种人员的手等均应用0.1%高锰酸钾消毒。

10.2 病害防治

挖除染有杂菌的培养料,再撒生石灰粉覆盖病区。挖掉的培养料要远离菇房深埋。

10.3 烂筒综合防治

选择夏季最高气温不超过30℃的地方为最适栽培地;具有与栽培数量相应的菌段培养场所,并有通风设备条件;及时排出黄水,防止积水造成烂筒。

10.4 虫害防治

栽培场四周用塑料网隔离,防止蚊蝇进入;用2.5%溴氢菊酯乳油2 000~10 000倍液喷洒,不许直接向菇体喷洒杀虫剂,最好应在菌袋入棚前或采菇后施药,农药使用按NY/T 393—2000执行。

绿色辣椒种植技术规程
DB4109/T 151—2017

1 范围

本规程规定了 A 级绿色食品辣椒的栽培环境条件、品种选择、产量指标、栽培技术、病虫防治及农药使用内容。本规程适用于清丰县 A 级绿色食品辣椒栽培种植技术。

2 引用标准

下列所包含的条文，通过在本标准中引用而构成为本标准条文。本标准定稿时，所示版本均为有效。所有标准都会被修改，使用本标准的各方应探讨使用下列标准最新版本的可能性。

NY/T 391—2000 绿色食品产地环境技术条件 NY/T 393—2000 绿色食品农药使用准则

NY/T 394—2000 绿色食品肥料使用准则

NY/T 658—2002 绿色食品绿色食品包装通用准则

3 绿色辣椒生产基地选择

在绿色辣椒生产区选择交通便利，远离交通主干道，环境无污染，水源和土壤质量符合 NY/T 391—2000 要求，地势平坦，排灌方便，旱涝保收，土壤肥沃，耕层较厚的仙庄乡辖区共 350hm²。

4　绿色辣椒品种选用

选用品质优良、产量高，抗逆性强，商品率高的辣椒品种。

5　产地环境条件

产地环境条件符合 NY/T 391 的要求，基地四周无任何污染源，无污水来源。

6　土壤

基地土层深厚，排水良好，有机质含量在 3% 甚至 4% 以上，土壤 pH 值在 6.5~7.2。

6.1　选茬

前茬选择未使用高毒、高残留农药的豆类、瓜类、葱蒜类蔬菜茬；玉米、高粱、小麦、谷子等禾本科物，前茬禁施化学除草剂。

6.2　整地

大田整地实行秋翻秋起垄，翻深 25cm 以上。

6.3　施肥

春耕时要施足基肥，每 667m² 施充分腐熟的优质无害化农家肥 5 000~6 000 kg，N、P、K 复合肥（无机氮以尿素形式存在）30kg，结合整地一次性施入。

7 种子及其处理

7.1 品种选择

选择高产、优质、抗病虫的优良品种，纯度不低于95%，净度不低于98%，发芽率为90%以上，含水量不高于12%。

7.2 晒种

播前15d晒种2d。

7.3 试芽

播前10~15d进行1~2次发芽试验。

7.4 育苗

7.4.1 壮苗标准

日历苗龄（苗龄期）75～80d，生理苗龄（叶龄）8～9片叶，株高15~18cm。

7.4.2 育苗场所选择

育苗场所选择无污染、地势平坦、背风向阳、排水良好、距水源近、土质中性的地块做育苗场所。

7.4.3 苗床类型

大棚、中棚、小棚、温床均可，每亩需育成苗面积为20m²。

7.4.4 整地做床

育苗床全部采用地上床，一般在秋天整地，春天做床，床面要比地面高5～10cm，用备好的苗床土做床。苗床土选用肥沃园土60%，腐熟无害化堆肥40%，拌匀备用。园田土选用杂草较少的葱蒜口、麦田或玉米田表土，经伏天高温后灭菌杀死虫卵，消灭杂草方可使用（忌番茄、茄子、辣椒、烤烟茬，园土不含化学除草剂或其他有毒物质）。

7.4.5　浸种催芽

浸种消毒：把种子放入清水浸泡10min，捞出再放入55℃热水浸泡15min，并不断搅动，捞出立即放凉水中急速降温，然后用温水或雪水浸泡12~15h。

催芽：浸泡好的种子捞出放在纱布上包好置于25~30℃的条件下催芽，每天翻动、投洗2~3次。4~5d后，当有60%种子出芽时准备播种。

7.4.6　播种

播期：在日平均气温稳定通过5~6℃时育苗箱播种，即从3月上旬播种，播种前一次性浇透苗床水。

播量：坚持精量播种，发芽率在90%以上，每平方米播种量50~70g。用育苗箱播种，育苗箱放在土壤电热加温线上，或有酿热物的苗床上，也可放在温室架床上。

扣小棚：播完种子以后覆土0.5~1.0cm，扣小棚保温保湿。

7.4.7　苗期管理

籽苗期管理：子叶展平即为籽苗期，播种至出苗时要密封保温，床土白天温度为25~28℃，夜间为18~20℃。出苗后温度降低3~4℃，白天光线要足。

小苗期管理：心叶始现至二叶一心，苗床保持相对湿度不超过50%，少浇水，保持苗床见干见湿即可。

成苗期管理：真叶展开及时移苗，营养面积8cm×8cm，线椒一穴2株，移苗时浇透底水，缓苗后，大温差管理（昼夜温差10℃左右），床土见干见湿，白天25~30℃，夜间15~20℃。苗床杂草多时进行人工除草。

定植前秧苗锻炼：定植前7d，逐渐降温，白天15~20℃，夜间7~8℃。

8　大田定植

8.1　定植时间

日平均气温稳定通过10℃开始定植，5月中旬至5月下旬。

8.2 定植密度

线椒采用大垄双行栽培，垄距 60~70cm，行距 50cm，穴距 15~20cm，定植水浇透并封埯。

8.3 菜粮间作

6 行玉米、4 行辣椒或辣椒地内距 10m，横穿一行玉米、起降温遮阳作用。

9 田间管理

9.1 铲趟除草

整个生育期要做到三铲三趟。铲地时要锄头没脖铲净苗眼草；趟地时要逐渐培土，最后一遍要多培土。

9.2 及时灌水

缓苗后，结合第一次铲趟进行一次灌水；开花结果前，每隔 6~7d 灌一次水，少浇勤浇加速促秧封垅。

9.3 适量追肥

①3 月下旬底施有机肥农家肥 6 000kg/亩，底施 N、P、K 复合肥（无机氮以尿素形式存在）30kg/亩。②7 月中旬、8 月中旬分别灌施稀大粪 500kg/亩。③7 月中旬、8 月中旬分别喷施叶面肥磷酸二氢钾液 50g/亩。

9.4 病虫害防治

农药使用符合 NY/T 393 的要求：①6 月上旬喷施 15%哒螨灵乳油 15mL/亩（3 000 倍液）防治茶黄螨；②7 月上旬用 1：1：200（生石灰：硫酸铜：水）的波尔多液 20mL/亩防治疮痂病；③8 月上旬喷施病毒 A 20%可湿性粉剂 15mL/亩

（500 倍液）防治病毒病；④黄板诱杀蚜虫或铺银灰色反光地膜驱蚜，推广玉米、尖（甜）椒间种，降低土温防治"三落"（落花、落果、落叶）。

9.5 农药喷洒器具

采用符合国家标准要求的器械，保证农药施用效果和使用安全。

9.6 掐尖整枝

到 8 月下旬左右，要及时将植株各分枝顶端掐掉，促进养分向果实上转移。

10 采收

10.1 采收时间

红辣椒 9 月下旬左右，95% 果实转红时开始收获。商品成熟随时采收。

10.2 采收方法

红干椒收获时将植株连根拔起，根朝上，在阴凉处垛放，以便脱水风干。待果实七成干时上垛，并要防雨雪、防霉变。

10.3 红辣椒标准要求

手握果无气，指捻不打滑，深红色，无病斑、虫蛀。

11 尖椒短期贮藏保鲜

11.1 品种

选用色泽好、果肉厚、中晚熟、耐贮运品种，如科椒 4 号、科椒 7 号等。

11.2　采前处理

不要病虫害严重地块的辣椒；采摘器具用 60℃ 以上热水清毒；戴手套，采摘要轻。从枝杈上直接掰下，对果柄有损伤者，用剪刀剪平，待切口干爽后经 8~9℃ 预冷再装袋（筐）贮藏。

11.3　贮藏条件

温度 5~9℃，相对湿度 90%~95%，气体 22%~8%，$CO_2$1%~2%，保鲜期至 1.5 个月。

绿色食品大樱桃种植生产技术操作规程
DB4109/T 152—2017

1 范围

本标准规定了大樱桃绿色种植生产的产地环境和生产技术管理。

本标准适用于指导本辖区大樱桃绿色种植生产管理。

2 规范性引用文件

下列文件中的条款通过本标准的引用成为本标准的条款。凡是注明日期的引用文件，其随后所有的修改单（不包括勘误的内容）或修订版均不适用于本标准，然而，鼓励根据本标准达成协议的各方研究是否使用这些文件的最新版本。凡是不注日期的引用文件，其最新版本适用于本标准。

GB 4285 农药安全使用标准

GB 8321.1 农药合理使用准则（一）

GB 8321.2 农药合理使用准则（二）

GB 8321.3 农药合理使用准则（三）

GB 8321.4 农药合理使用准则（四）

GB 8321.5 农药合理使用准则（五）

GB 8321.6 农药合理使用准则（六）

GB 16715.3 瓜菜作物种子 瓜果类

NY 5005 无公害食品 瓜果类蔬菜

NY 5010　无公害食品　蔬菜产地环境条件

NY/T 496　肥料合理使用准则　通则

3　产地环境

产地环境应符合 GB 15618—1995 土壤环境质量标准、NY 5010—2002 无公害蔬菜产地环境条件、GB/T 18407.1—2001 无公害蔬菜产地环境要求的规定，选择生态条件良好，远离污染源，具有可持续生产能力，地势干燥，排灌方便，土层深厚、疏松、肥沃的农业生产区域。

4　果园用地的选择

应选择土壤肥沃、向阳、沙壤土建园。土壤 pH 值为 6.5~7.5 为宜，土壤排水性要好，濮阳市大部分地区可种植，尤其在梁村乡、城关镇种植品质较好，果树重茬地严禁建园。

5　合理选择苗木砧木组合

目前苗木市场大樱桃苗木砧木杂乱，可大致分为欧洲樱桃（吗哈利、吉塞纳）、中国樱桃（大青叶、莱阳矮）、酸樱桃（ZY-1）等，种植时应因地制宜选择自己需要的苗木。

6　合理密植

土壤肥沃地区，管理粗放，可采用 3m×4m 株行距建园，矮化精细管理，可采用 2m×4m 株行距建园。

7 年生长周期及其特点

樱桃一年中从花芽萌动开始，通过开花、萌叶、展叶、抽梢、果实发育、花芽分化、落叶、休眠等过程，周而复始，这一过程称为年生长周期。了解这一生长发育规律，可以采取相应的栽培管理措施，满足樱桃生长发育需要的条件，达到优质、丰产、高效的目的。

7.1 萌芽和开花

大樱桃对温度反应比较敏感，当日平均气温到10℃左右时，花芽开始萌动（濮阳地区在4月初）；日平均气温达到15℃左右开始开花（濮阳地区在4月10日左右），整个花期约10d，一般气温低时，花期稍晚，大树和弱树花期较早。同一棵树，花束状果枝和短果枝上的花先开，中、长果枝开花稍迟。同一朵花通常开3d，其中开花第1天授粉坐果率最高，第2天次之，第3天最低。

7.2 新梢生长

叶芽萌动期，一般比花芽萌动期晚5~7d，叶芽萌发后约有7d是新梢初生长期。开花期间，新梢基本停止生长。花谢后再转入迅速生长期。以后当果实发育进入成熟前的迅速膨大期，新梢则停止生长。果实成熟采收后，对于生长势比较强的树，新梢又一次迅速生长，到秋季还能长出秋梢。生长势比较弱的树，只有春梢一次生长。幼树营养生长比较旺盛，第一次生长高峰在5月上中旬，到6月上旬延缓生长，或停长，第二次在雨季之后，继续生长形成秋梢。

7.3 对环境条件的要求

7.3.1 温度

樱桃是喜温而不耐寒的落叶果树，中国樱桃原产于我国长江流域，适应温暖潮湿的气候，耐寒力较弱，故长江流域及北方小气候比较温暖地区栽培较多。但夏季高温干燥对樱桃生长不利。冬季最低温度不能低于−20℃，过低的温度会引起大枝纵裂和流胶。另外花芽易受冻害。在开花期温度降到-3℃以下花即受冻害。

7.3.2 水分

樱桃对水分状况很敏感,既不抗旱,也不耐涝。濮阳市大樱桃的主要栽培区目前多分布在濮阳县、南乐县,年降水量为600~900mm,空气比较湿润。濮阳地区温度适宜,光照充足,有良好的灌溉条件,大樱桃生长好,而且优质高产。樱桃和其他核果类一样,根系要求较高的氧气,如果土壤水分过多,氧气不足,将影响根系的正常呼吸,树体不能正常地生长和发育,引起烂根、流胶,严重将导致树体死亡。如果雨水大而没及时排涝,樱桃树浸在水中2d,叶子即萎蔫,但不脱落,叶子萎蔫不能恢复甚至引起全树死亡。

8 栽植密度与方式

8.1 栽植密度

栽植密度要考虑到立地条件、砧木种类、品种特性及管理水平。一般立地条件好,乔化砧品种生长势强,栽培密度要小一些,高度密植果园管理水平要求高。目前老果园多为4m×5m,5m×6m,或6m×7m,每亩16~33棵,这种密度早期产量低,植株高大,不抗风灾。为了合理利用土地,充分利用光能,提高早期产量和增强植株群体抗风能力,新建樱桃园,应适当密植为3m×5m或2m×4m,每亩44~83棵。

8.2 栽植方式

栽植方式根据地形而定。平地建园宜采用长方形,行距宽,株距窄,宽行密植的优点是光照条件好,行间可以开进打药机及小型运输车,便于机械化操作,并省人工。另外在定植果树后的前1~3年,可以种一些间作作物,行间较宽利于间作物的生长,以后也可以间作绿肥。

栽植行的方向要求南北向,这样上午和下午,可以充分利用阳光,使光照能照到树的下部，中午光线过强，有一部分可以被行间的作物或绿肥利用。山坡地栽植，要采用等高梯田栽植法，较窄的梯田，可栽 1 行。梯田面宽时，可适当多栽几行，或者在梯田外堰种 1 行，里面间作作物，因为外堰土壤比较深厚，空间大，光照好。

9 果实的收获

成熟度是确定樱桃果实采收期的直接依据。生产中，樱桃的成熟度主要是根据果面色泽、果实风味和可溶性固形物含量来确定。黄色品种，当底色褪绿变黄、阳面开始有红晕时，即开始进入成熟期。对红色品种或紫色品种，当果面已全面着红色，即表明进入成熟期。多数品种，鲜果采摘时可溶性固形物含量应达到或超过 15%。

樱桃果实发育期很短，果实从开始成熟到充分成熟，果实个头大小还能增长35%。在此期间，果实风味品质（如可溶性固形物的提高等）变化很大。另外，樱桃果实为呼吸跃变型水果，果实不含可转化成糖的淀粉，采后没有成熟过程，果实品质不会因放置而有所提高。因此，果实达到充分成熟时，风味、品质最佳。其糖分含量在采前充分积累，采后只能消耗，不再有其他物质转换成糖类。采收过早，果个也小，不能充分显示该品种应有的优良性状和品质，糖分积累少，着色差，抗性也差，产量也低，且贮运期易失水、失鲜、易感病，商品价值也低，没有市场竞争力。采收过晚，某些品种易落果，果肉松软，贮运过程中易掉柄，果实极易软化、褐变，衰老加快，不耐贮运。充分成熟的樱桃含糖量高，果皮厚韧，着色度好，从而提高了抗病性和耐贮力。采收期取决于樱桃的成熟度、特性和销售策略。根据其生物学特性和采后用途、离市场的距离、加工和贮运条件来决定其适宜的采收成熟度。

10 病虫害防治

为害樱桃树的主要病虫害有桑白蚧、刺蛾、桃红颈天牛、苹果透翅蛾、金缘吉丁虫、金龟子、梨小食心虫和炭疽病、樱桃叶斑病、细菌性穿孔病、流胶病、根茎腐烂病等，应采取综合措施加以防治。在冬季修剪时，剪除并烧毁病虫枝，同时在落叶期喷布波美 5 度石硫合剂一次；在春梢叶片停长前，喷 40%乐果 1 200 倍液加 70%甲基托布津 800 倍液一次；7—8 月喷 50%马拉松乳剂 1 000 倍液加 65%代森锌 400~500 倍液一次。

绿色食品晚秋黄梨生产技术操作规程
DB4109/T 153—2017

1 范围

本规程规定了南乐县绿色食品晚秋黄梨地环境要求、栽培季节、品种选择、整地、田间管理及采收加工等技术。

本规程适用于南乐县绿色食品晚秋黄梨生产基地。

2 规范性引用文件

GB 4285 农药安全使用标准

GB/T 8321 农药合理使用准则

GB 18406.1 农产品安全质量蔬菜安全要求

GB/T 18407.1 农产品安全质量无公害蔬菜生产环境要求

3 生产技术措施

3.1 产地环境要求

3.1.1 丰产高产

由于晚秋黄梨具有成花容易，结果早的特点，为此，前期丰产的关键因素之一就是密植，栽培密度为2m×3m 和2m×4m。每亩栽植111 株和84 株，两种栽植密度前者比后者第 3 年平均每亩多产梨 400kg。

3.1.2　节约树体营养

使树体合理负载，生产高档优质果品，进行疏花疏果。疏花疏果宜早不宜晚，疏花从花芽现蕾期开始，疏果于花后 30d 完成。疏花时按照每 20~30cm 留一个花序，其余全部疏除；疏果时每 30cm 留一个单果，一次疏成。

3.1.3　秋黄梨为褐皮梨

内在品质高，但外观不理想，需要套袋栽培。应选择外黄内黑的大型纸袋。套袋时间在谢花后 30~45d，幼果如拇指大小时套袋，10d 左右结束。套袋前一定要喷杀虫杀菌混合药 1~2 次，用药对象主要针对梨黑星病、轮纹病及梨木虱、黄粉虫等。

3.1.4　分层形

树体主干高约40cm，树冠高约2.5m。定植当年可在40~50cm处定干，若苗木细弱应在基部4~6芽处重截，促发强枝。第2年，在定干附近抽发4个以上长枝，即可选留第1层三大主枝。此时修剪要求弱枝轻剪，多留枝芽，促其粗壮，梨星毛虫防治方法强枝重剪，以平衡三大主枝的生长势。中心干可在1/2处重剪。第3年，中心干选一斜生枝于1/2~2/3处短截，其余剪除。选角度较开张枝继续作主枝延长枝，于1/2~2/3处剪截，剪口芽朝外。将与中心干距离在50cm以外的轻截留作副主枝，50cm以内的可拉平作辅养枝。

3.2　栽培技术

3.2.1　栽植的方法与顺序

（1）平地一般土壤栽植时，把树苗根部放在填有半坑上层土的树坑中后，封上少量土，然后向上稍提 5~10cm，再覆土踩实、浇水，水要浇透。待水渗干后封土。封土后一般嫁接部位与地面平为宜，嫁接部位高的应高出地面 3cm 左右，这一点应根据嫁接部位的高度灵活掌握。

（2）山坡地、不易保水的沙壤地或水源地或水源不足的地块，在栽植时可在树坑中撒上一匙保水剂。

（3）低洼地、易涝地栽植时，应浅挖浅栽，根部多覆土为宜。

3.2.2　定干的目的与要求

（1）栽植覆土后，从地面向上 40cm 处将树干剪掉，剪口处可用油漆点抹，以防风干。此后还必须顺行培好浇水的垄沟。在麦地栽种的必须将须树行中的 3~4 垄麦苗锄掉，并培好垄沟，便于旱时浇水和通风透光，否则，树苗会因无法浇水而死亡。

（2）树苗栽上后 20d 左右不下雨时应浇水一次，此期间不得缺水，以免影响成活。

3.2.3　果园作物的套种与设施

套种是果园前两年收入的主要来源。套种作物不当会直接影响农户的经济收入和果树的生长。一般来说，果园套种不可种玉米、棉花等高秆作物，最适应种植大蒜、蔬菜、花生、瓜类、豌豆或低秆的中草药等。

4　当年树栽植后的管理与要求

4.1　进行地膜覆盖

即可保温保湿，又能存进苗的根部发育，提高成活率。

4.2　培好垄沟

首先必须培好浇水的垄沟，天不下雨时 20d 可浇水一次。

4.3　及时保活

4 月份新芽抽出后，对部分不发芽、不抽枝的树苗要及时喷药浇根，直到成活。如不及时处理，错过了最佳时期将会导致树苗出现病株或死亡。

4.4　适时浇水

浇水从栽植起到收麦期间应根据天气情况，在无雨或无大雨的情况下，至少浇水 3~4 次为宜。6 月份以前，树苗如果缺水，一是影响成果，二是抽枝少或不抽新枝，三是枝条短，生长缓慢或不长。

5 晚秋黄梨的分月管理

5.1 当年十一月至次年三月

5.1.1 清扫落叶

在11月进行全园大清扫，把落叶、病虫果、枯枝清扫干净，集中烧毁。

5.1.2 灌冻水

11月上中旬上冻前灌完，灌透。

5.1.3 冬季修剪

12月至2月进行。幼树根据栽植密度确定树形后，按形整树。在整好树形、保持健壮树势的前提下，利用辅养枝缓放成花，实现早丰产。结果树要做好结果枝组的细致修剪，及时回缩复壮，在维持全树壮势的前提下实现丰、稳产。

5.1.4 刮树皮

冬剪后刮主干、大主枝的老翘皮。如有腐烂病，刮后涂护树将军1 000倍液或福美砷40倍液。

5.1.5 土壤管理

3月上中旬整修水土保持设施，有灌水条件果园修好渠道。

5.1.6 追肥灌水

梨树全年施肥量可按历年平均产量计算，每50kg果施纯氮200~250g，氮、磷、钾的比例为1:0.4:1。上年秋已施基肥的可追施全年追肥量的2/3。对末施基肥或施入基肥末混入磷肥的树，此期将全年磷肥一次性施入。施肥后灌水，再中耕保墒。

5.1.7 喷药

全园普喷一次石硫合剂，梨大食心虫为害较严重的果园，在该虫转芽期注意喷药预防。

5.2 四月

5.2.1 灌水防冻害

对梨树开花期易发生霜冻的果园在临近开花期灌 1 次透水,以延迟开花,避开霜害。

5.2.2 喷药

在梨树花芽萌动时喷 1 000 倍的 1605 加 2 000 倍氧化乐果 20%速灭杀丁 4 000 倍,或 25%溴氰菊酯 5 000 倍,分别防治梨二叉芽、梨大、星毛虫、梨木虱等。

5.2.3 剪除梨茎蜂为害梢。

5.2.4 4 月上旬清明时定植、补植幼树,并定干、抹芽。

5.2.5 旱地果园进行秸秆覆盖。

5.2.6 在授粉树不足或花期气候不良时,应进行人工授粉。就一朵花而言,在开花后 3 日内授粉坐果率最高可达 80%,一般盛花初期(开花 25%)便转入大面积点授,争取在 3~4d 内完成授粉工作,第 5~6 天进行扫尾,点授晚开的花朵。

5.2.7 花期喷硼提高坐果率。

5.3 五月

5.3.1 喷药

梨谢花后喷 3 000 倍克螨特加 2 000 倍速灭杀丁或 1 500 倍的 1605 加 800 倍水胺硫磷加 1 500 倍乐果,防止梨木虱、梨蚜等害虫。

5.3.2 结合打药喷 0.3%尿素,促进生长。

5.3.3 继续防止梨大,摘除梨大虫果,清除树下被象鼻虫为害造成的落果。

5.3.4 疏果

在单株负载量过大时进行疏果,疏果时间在幼果脱去花不脱落者,在生理落果后进行。留边果,大型果留 1~2 个。蔬果可参考该品种的枝果或叶果比指标,并根据树势状况酌情增减。

5.3.5 追肥灌水

5 月下旬追施全年计划用氮肥的 1/3～2/3。如有草木灰应与氮素化肥分开施。追肥后灌水、松土、除草。5 月下旬起每隔 15d 左右叶面喷肥 0.3% 尿素和 0.3% 磷酸二氢钾，连续 3 次，也可结合打药喷。

5.4 六月至八月

5.4.1 喷药

麦收前为防病害和红蜘蛛可喷倍量式波尔多液加尼索朗 2 000 倍液，如其他虫害严重则喷多菌灵 600 倍加杀虫剂。麦收后根据虫情决定是否打药。

5.4.2 除草覆盖

在雨季可割除树盘大草，就地覆盖。

5.4.3 喷药

7 月下旬以防病害和红蜘蛛为主，梨园可喷石灰倍量式波尔多液加尼索朗 2 000 倍，以防病和梨小食心虫为主，梨园可喷 800 倍 50% 退菌特加 3 000 倍敌杀死。8 月中旬喷扑海因 1 500 倍液加菊马乳油 2 000 倍液，8 月下旬再喷一次 1 000 倍辛硫磷或杀螟松，重点喷果，防梨小食心虫。

5.4.4 绑草诱虫

8 月中下旬，在树干上部绑秸草诱集梨小食心虫，落叶前将草把解下烧毁。

5.5 九月至十月

5.5.1 采收

十月起，果实陆续成熟，开始采收。

5.5.2 施基肥

采收后至落叶前施。每千克果施有机肥 1～2kg，每 50kg 有机肥加 1kg 过磷酸钙。施鸡粪时，数量可减少。施后灌水。

5.5.3 继续刮治腐烂病，刮后涂抹护树将军 1 000 倍液。

绿色食品莲子生产技术规程
DB4109/T 154—2017

1 适用范围

本规程规定了绿色食品莲子术语和定义。它包括了产地生态环境条件、栽培技术、田间管理和采收等规范。

2 规范性引用文件

下列文件中的条款通过引用而成为本标准的条款。

NY/T 391—2000 绿色食品产地环境条件

NY/T 393—2000 绿色食品农药使用准则

NY/T 394—2000 绿色食品肥料使用准则

3 产地环境条件

绿色食品莲子露地生产的产地环境条件应当符合 NY/T 391—2013 的要求。产地应当选择在空气清新、水质纯净、土壤未受污染、农业生态环境良好的地方。

3.1 大气

产地周围 10km 内没有大气污染源。没有化工厂、煤矿、垃圾场等污染源。

3.2 土壤

产地土壤良好，属于两合土，土质肥沃，保水性良好，周围没有金属、非金属矿藏，无农药残留。

3.3 水源

黄河水资源丰富，经灌溉渠网可直接流入荷塘，周边没有污染源。

4 栽培技术

4.1 栽培季节

4月中下旬（谷雨前后）种植为宜。

4.2 品种选择

选择高产优质、抗逆性强的太空连36号。

4.3 整地施基肥

4.3.1 每公顷为一块荷塘，四周有围堰。

4.3.2 大田标高推平，出苗整齐。

4.3.3 大田四周开挖泥鳅沟，宽6m，深0.8m。

4.3.4 4月上旬每亩施入1500kg腐熟畜禽粪便作底肥。

4.4 种苗选择

引进的太空连36号种苗，经过严格挑选，整齐一致，无畸形、无病害的种苗。

4.5 栽植密度

栽植时行距为1.8~2m、株距为0.8~1m。一般保证每亩600~650个芽头。

4.6　栽植方法

机械开沟深 15cm 左右，将种苗斜植入土，最后一节微露地面，以种苗不漂浮为原则。栽后随即浇水。

5　田间管理

5.1　水层管理

5.1.1　灌水泡田

栽植后，随即灌水泡田，以 5cm 左右为宜。不可太深，以利地温提高，促进花芽发育。

5.1.2　浮叶出现后保持水层 7cm 左右。

5.1.3　2~3 片立叶时保持水层 10cm 左右。

5.1.4　中后期可保持 25~30cm。

5.1.5　大雨过后及时排水，防止烂茎烂叶。

5.1.6　后期将水位控制在 15cm 左右，以提高地温，促进结子。

5.2　科学追肥

5.2.1　肥料种类宜使用硫酸钾型复合肥。

5.2.2　第一次追肥在 6 月上旬每亩追施复合肥 40kg。

5.2.3　第二次施肥在 7 月上旬每亩追施复合肥 30kg。

5.2.4　第三次施肥在 8 月上旬每亩追施复合肥 20kg。

5.3　田间除草

实行人工除草，大草拔除，小草塞入泥中。

6 病虫草害防治

6.1 防治原则

按照"预防为主、防治结合，生物防治为主"的原则。

6.2 防治方法

6.2.1 栽培防治

6.2.1.1 选择抗病性较强的太空莲 36 号。

6.2.1.2 每经过 3 年进行一次种苗移栽。

6.2.2 生物防治

实行莲鳅共作，泥鳅采食水中的浮游生物。

6.2.3 物理防治

安装杀虫灯，可以抑制虫害发生。

7 采收

7.1 采收期

一般在 9 月下旬开始采收干莲蓬。

7.2 采收技术

将成熟的莲蓬沿蒂采摘，用人工剥去莲蓬，晾晒或机械烘干后去除不饱满的颗粒，入库待加工。

8 加工、包装、贮藏

8.1 加工

8.1.1 机械去壳、投芯、磨皮，去除不完整和霉变的莲子。

8.1.2 做好去杂、分级。一级品完整莲子、二级品莲子瓣，三级品为剩余产品。

8.2 包装

8.2.1 包装材料符合卫生要求。

8.2.2 外包装上要印有绿色食品认证标志、注册商标。

8.2.3 标签上注明产品名称、企业名称、地址、生产日期、质量等级、执行标准、净含量等内容。

8.3 贮藏

8.3.1 将包装好的产品在室温下保存，忌暴晒、雨淋。

8.3.2 要防潮、灭鼠，定期清仓防虫。

绿色食品双孢菇生产技术操作规程
DB4109/T 156—2017

1 范围

本标准规定了保护地绿色食品双孢菇的栽培环境条件、生产流程、生产技术管理、采收和病虫害防治技术。

本标准适用于指导本辖区保护地绿色食品双孢菇生产管理。

2 规范性引用文件

下列文件中的条款通过本标准的引用而成为本标准的条款。凡是注日期的引用文件，其随后所有的修改单（不包括勘误的内容）或修订版均不适用于本标准，然而，鼓励根据本标准达成协议的各方研究是否可使用这些文件的最新版本。凡是不注日期的引用文件，其最新版本适用于本标准。

NY/T 391—2000　绿色食品　产地环境技术条件

NY/T 393—2000　绿色食品　农药使用准则

NY/T 394—2000　绿色食品　肥料使用准则

全国食用菌菌种暂行管理办法

3 产地环境

产地环境应符合 NY/T 391—2000 产地环境要求的规定，选择生态条件良好，远离污染源，具有可持续生产能力，地势干燥，排灌方便，土层深厚、疏松、肥沃的农业生产区域。

4 栽培模式

4.1 产地环境

应符合 NY/T 391—2000 要求。地势高燥，场地开旷，近水源，具备良好的卫生条件。

4.2 菇房

4.2.1 菇房结构

可搭建棚室和砖结构菇房。菇房坐北朝南稍偏东，顶高 5.3~5.5m，宽 8.3~10.0m，长 10~25m，具备窗、门、拔风筒通风装置，能遮光、保温、保湿。

4.2.2 床架结构

床架呈南北向，排列在菇房中间，四周留 50~65cm 走道。床架 6~7 层，底层离地面不少于 15cm，顶层离屋顶不少于 150cm。床架宽 100~150cm，层间距 60~65cm。

4.3 基质

基质原料、化学添加剂种类和用量、用水质量及基质处理方法，应符合 NY/T 391—2000、NY/T 393—2000、NY/T 394—2000 的规定。

4.3.1 配方

每 111m²，用稻草 2250kg，45%复合肥 62.5kg，过磷酸钙 50kg，石膏粉 62.5kg，石灰 75kg。

4.3.2 基质处理

采用二次发酵技术处理培养料。

4.4 覆土材料

4.4.1 泥炭土、草炭土

4.4.2 壤土

符合 NY/T 391—2000 的规定。

5 生产流程

基质准备（上年 11 月至 6 月）→ 菇房修建和消毒（6—7 月）→ 堆料（7 月下旬~8 月初）→ 二次发酵（8 月中下旬）→ 翻格、播种（8 月底 9 月初）→ 覆土（粗土 9 月 15 日至 21；细土 10 月 1 日之前）→ 秋菇采收（10 月上中旬开始采收，主产期 10 月中旬至 11 月，12 月上中旬结束）→ 越冬管理（12 月中旬至翌年 3 月初）→ 春菇调水（3 月中旬）→ 春菇采收（3 月下旬至 5 月中下旬）。

6 生产技术管理

6.1 培养料发酵

6.1.1 室外前发酵

6.1.1.1 建堆时间

7 月下旬至 8 月上旬建堆发酵。建堆前 2~3d，粪草需预湿。

6.1.1.2 发酵方法

按常规建堆发酵。料堆规格：宽 2~2.3m，高 1.5~1.6m，长度不限。菜籽饼和复合肥在建堆时加入，从第三层加到第八层；第一次翻堆加入磷肥、一半石膏和石灰；第二次翻堆加入另一半石膏和石灰。共翻堆 3~4 次，翻堆间隔应以温度为主要依据，当堆温由 70~75℃ 开始下降时，及时翻堆。间隔参考天数为：6d、5d、4d、3d。第一次翻堆后应增加料堆通气量，在翻堆时每隔 40~50cm 距离直立毛竹，堆好后再将毛竹拔出形成通气孔。

6.1.1.3 前发酵培养料腐熟要求

腐熟程度五至六成，颜色呈浅咖啡色，草料有较强的抗拉力，弹性足，略有氨气味。草料的含水量65%（手紧握时，指缝间有6~7滴水），pH值为7.8~8.0。

6.1.2 室内后发酵

6.1.2.1 进房

最后一次翻堆后2d，中午趁热将培养料进房上架，最上层和最下层不放，料堆成垄型，料厚30~50cm。

6.1.2.2 升温阶段

立即关闭菇房所有门窗、拔风筒，用蒸汽加热菇房，使料温达到60~62℃，保持8~12h。

6.1.2.3 保温阶段

料温降至50~55℃，保持3~4d。

6.1.2.4 降温阶段

料温降至45~50℃，保持12h。当降料温降至45℃以下时，打开门窗，使料温迅速下降。

6.1.2.5 后发酵培养料腐熟要求

大量白色放线菌遍及整个料层，料呈深咖啡色，无氨臭气，有略带甜面包气味的香味。草有弹性，有光泽，一拉即断。

6.2 播种及管理

6.2.1 翻格

及时翻动料层，使粪草混合均匀，拣去土块、石块、粪块等杂物，然后摊开整平料面，料厚15~20cm，床中间稍高、两边稍低，稍加拍紧。将床架、地面打扫干净，准备播种。

6.2.2 菌种类型

选择半气生型和气生型菌种。

6.2.3 菌种质量

采用麦粒菌种，菌种质量应符合《全国食用菌菌种暂行管理办法》的要求。

6.2.4 菌种用量

每 111m² 用栽培种 150~200 瓶（750mL）。菌种随挖随播。

6.2.5 播种方法

播种时料温应在 28℃ 以下。采用穴播和撒播相结合，先用 70% 的菌种穴播，用消过毒的竹竿插入料中，播下一撮菌种，播深 2.5~3cm；再将 30% 菌种均匀撒于料面，轻轻拍平。

6.2.6 发菌管理

重点抓好通风换气和保湿。播种后 2~3d 内以保湿为主，少通风，棚内相对湿度保持在 85%~90%。如遇 28~30℃ 以上高温，在早晚开一段时间背风窗，或早晚在棚顶淋水降温。3~4d 后菌丝定植，逐步加大通风量，但仍以开背风窗为主。7~10d 后菌丝封面，要加大通风量，昼夜打开全部门窗，降低菇房湿度至 75%~80%。

6.3 覆土及管理

6.3.1 覆土制备

采用稻田土、河泥土或麦地土。取表层 20~30cm 以下的田土，晒干敲碎过筛（筛孔直径：粗土筛孔 2cm，细土筛孔 1.5cm），每 111m² 需土 3 000~3 500 kg、砻糠 50~75kg、石灰 20~25kg，将三者混合均匀，调节 pH 值为 6.8~7.2，含水量 17%~18%。

6.3.2 覆土时间

当菌丝发满料层或发到料层 3/4 时覆土，一般在播种后 15~20d。覆土时菇房适宜温度为 20℃，遇到持续高温要推迟覆土。

6.3.3 覆土方法

6.3.3.1 先覆粗土，再覆细土

6.3.3.2 覆粗土

覆土前 1~2d，用手拉平料面。用粗土将料面盖满，土粒要紧密排靠，粗土

缝隙用中细土填补，以看不到培养料为宜。粗土层厚度 $2.0 \sim 2.5cm$，厚薄要均匀。

6.3.3.3 覆细土

粗土调水后 $6 \sim 8d$，土上长出菌丝，再覆细土，细土层厚度 $1.0 \sim 1.5cm$，厚薄要均匀。

6.3.4 覆土后水分管理

6.3.4.1 粗土调水

应掌握先湿后干。覆土后第 2 天开始调水，调水 $2 \sim 3d$，土粒含水量达到 $18\% \sim 22\%$（捏土粘手，土粒内部湿透无白心）。调水时温度宜在 20℃ 以下，在早晚进行，用喷雾器反复轻喷、勤喷，不可一次喷水太多。每次喷水时打开门窗通风，喷水结束后关闭门窗。

6.3.4.2 细土调水

应先干后湿，前期细土调水应比粗土偏干，每天喷一次水。待菌丝充分长入粗土内部，逐渐增加喷水量。一旦菌丝长入细土，要及时通风降湿。

6.3.5 出菇期水分管理

6.3.5.1 结菇水

当菌丝长到与细土平，通风 $2 \sim 3d$ 后喷结菇水。喷水要足，连续喷 2d，让粗土吸足水，细土湿透无白心，土粒含水量在 $22\% \sim 23\%$。喷水在早晚进行，喷水时打开门窗大通风，停水后减少通风量。室内温度 $17 \sim 19℃$ 最适宜喷结菇水，超过 22℃ 应停止喷水。

6.3.5.2 出菇水

覆土 10d 后，细土间有大量菌丝，并有米粒状原基出现时，喷出菇水。每天喷水量与结菇水相当，连续喷 $2 \sim 3d$，并加大通风量，然后停水 2d，减少通风。

6.4 秋菇管理

6.4.1 水分

第一、第二、第三批菇，每当子实体长到略大于黄豆粒时，均应用一次重水，连喷 2d，使土粒捏得扁，搓得圆，不粘手。以后每天向空中和地面喷 $1 \sim 2$

次水，喷水在早晚温度较低时进行，一直保持到采菇高峰期结束。第三批菇以后逐步减少用水量。

6.4.2 温度、湿度及通风

以保湿为主，菇房相对湿度保持在95%左右。温度控制在15~16℃。出菇期间菇房要通风换气，温度较高时，在夜晚和阴雨天通风，低温时白天中午通风。

6.5 越冬管理

6.5.1 清理床面

将细土刮在一边，撬动粗土，挑去发黄的死菌丝和老根，补覆细土厚度至1.3~1.5cm。

6.5.2 保温通气

菇房温度保持在3~4℃，选择晴天无风的中午通风换气。

6.6 春菇管理

6.6.1 调水

6.6.1.1 时间

春季调水应在平均气温稳定在10℃以上进行，一般在3月上中旬开始调水。

6.6.1.2 方法

春菇调水总的原则是"3月稳，4月准，5月狠"。开始要轻喷勤喷，可先喷pH值为8.0~9.0石灰清水，调至细土捏得扁，土层含水量达18%。气温在15℃以下时，可结合调水喷施营养液。4月份气温逐渐升高，需增加喷水量，一般清明前后喷出菇水，要达到与秋菇旺产期相同的土层湿度。5月气温升高，要加大用水量，土层含水量调到22%~23%，调水在晚上进行。

6.6.1.3 常用营养液配制

6.6.1.3.1 培养料浸出液

将秋季堆料的边料煮沸，用纱布过滤，使用浓度18%~20%。

6.6.1.3.2 葡萄糖水

葡萄糖或砂糖50g，加水2.5~5.0kg。

6.6.1.3.3 豆浆水

黄豆 0.5kg，浸泡磨浆，加水 25kg，过滤。

6.6.2 通风换气

低温时，在中午气温较高时通风；高温时，白天适当少通风，早晚多通风，温度控制在 23℃ 以下。

7 采收

当菌盖长至 3～4cm，菌膜尚未胀破时采收。采菇时，抓住菌柄轻轻扭下，不要带动过多的覆土。鲜菇要轻拿轻放，用小刀削去菇柄基部，及时分级销售与加工。

8 病虫害防治

8.1 防治原则

坚持预防为主，重点抓好菇房消毒、培养料发酵、覆土材料和器具消毒。药剂防治贯彻执行 GB 4285 和 GB/T 8321 的规定。

8.2 预防措施

8.2.1 菇房清理、消毒

8.2.1.1 清料

春菇结束后及时清料，将培养料运至远离菇房的地方沤制作肥料。

8.2.1.2 床架消毒

8.2.1.2.1 将拆下的床架、垫物，捆扎在一起，沉在河塘水中，浸泡 10～15d。然后洗刷干净捞起晒干，并用 1∶500 倍的多菌灵涂刷。

8.2.1.2.2 不能拆卸的部分先用水冲洗，待干燥后用石灰浆刷白，或用 5%～7% 石灰硫黄合剂涂刷，或喷 5% 碱水。

8.2.1.3 地面消毒

菇房全面打扫后，铲除地面一层老土，撒上石灰，重新填上新土，平整打实。

8.2.1.4 菇房消毒

8.2.1.4.1 砖结构菇房消毒

洗刷四壁，干燥后用石灰浆刷白。菇房清理结束后，每立方米用 10~12g 硫黄粉，1~2mL 敌敌畏熏蒸消毒。

8.2.1.4.2 棚室菇房消毒

菇房清理后，拆除草帘，在高温期间关闭所有门窗闷棚 15~20d。

8.2.2 培养料发酵灭菌

按 6.1 抓好培养料二次发酵。

8.2.3 覆土消毒

8.2.3.1 蒸汽消毒

将覆土材料放在密闭的室内，通入 76℃蒸汽保持 1~3h。

8.2.3.2 物理消毒

在夏季制备覆土材料，取表土层以下 20~30cm 土壤。经过烈日曝晒 5~6d，然后堆放在通风处，用膜盖好，防止被雨淋湿。使用前拌 1%~2%石灰。

8.2.3.3 药剂消毒

取土后先在阳光下曝晒 3~4d，然后用 75%甲基托布津 500 倍液和生物农药千虫克可湿性粉剂 1 000 倍液喷在土粒上，建堆用薄膜覆盖闷 5d。散堆待药味消失后再使用。

8.2.4 器具消毒

扒菌种的钩子、装菌种的面盆、菌种瓶瓶身、瓶口及接种人员的手等均应用 0.1%高锰酸钾或 0.5%漂粉精液洗涤消毒。

8.3 防治方法

8.3.1 主要病虫害种类

8.3.1.1 主要病害

绿霉、青霉、根霉、毛霉和疣孢霉。

8.3.1.2 主要虫害

菇蚊、菇蝇和螨虫。

8.3.2 病虫害防治

8.3.2.1 病害防治

挖除染有杂菌的培养料，再撒生石灰粉覆盖病区。挖掉的培养料要远离菇房深埋。

8.3.2.2 虫害防治

8.3.2.2.1 药剂防治

品种应符合 NY/T 393—2000 的规定。

8.3.2.2.2 物理防治

用 3W 黑光灯诱杀成虫。

绿色食品（A级）葡萄栽培技术操作规程
DB4109/T 157—2017

1 范围

本标准规定了绿色食品葡萄产地的环境空气质量、农田灌溉水质、土壤环境质量及生产技术操作规程。适用于绿色食品葡萄（A级）生产。

2 规范性引用文件

下列文件中的条款通过本标准的引用而成为本标准的条款。凡是注日期的引用文件，其随后所有的修改单（不包括勘误的内容）或修订版均不适用于本标准，然而，鼓励根据本标准达成协议的各方研究是否可使用这些文件的最新版本。凡是不注日期的引用文件，其最新版本适用于本标准。

NY/T 391—2000 绿色食品　产地环境技术条件

NY/T 393—2000 绿色食品　农药使用准则

NY/T 394—2000 绿色食品　肥料使用准则

NY/T 844—2010 绿色食品　葡萄

NY/T 469—2001 葡萄苗木

3 园地选择与规划

符合 NY/T 391—2000 绿色食品　产地环境技术条件。

3.1 园地环境

选择远离公路，无污染和生态条件良好的地区。

3.2 园地选择

选择地形开阔、阳光充足、通风良好的地段；地下水位低，土壤较疏松、肥力较好、排灌水良好、土壤含盐碱量低 pH 值在 6.0~7.5 的田块。

3.3 园地规划

园地建立前先进行规划和设计，搞好道路、排灌系统、水土保持工程及其他配套设施等建设。根据地形、地势设计好大棚的建设数量和位置，设计好大棚内区划安排、株行距、灌水渠道、排水设施以及作业道等。

4 品种和砧木选择

符合 NY/T 469—2001 葡萄苗木。

4.1 品种

选择优质丰产、早熟、适宜大棚栽培及抗病性较强的品种。

4.2 砧木

根据品种生长特点，选择相应的砧木，如 5BB、贝达等。

5 栽植

5.1 栽植方式

大棚栽培，多年一栽。

5.2　栽植前准备

（1）栽植前挖宽 0.8~1m、深 0.7~0.8m 的栽植沟（穴）。回填时栽植沟（穴）内施入有机肥，每亩用量为 5~7m³，肥土混合填入。

（2）葡萄苗定植前进行适当修整，剪去枯桩和过长的根系和芽眼，根系剪留长度 10~15cm，嫁接口口上剪留 2~3 个饱满芽，其次将苗木置于 1 200 倍的多菌灵药液中浸泡 12~24h 杀菌消毒，同时使苗木吸足水分。然后可以直接栽植。

5.3　栽植时间

3~4 月栽植，大棚内 20cm 深土壤温度稳定在 10℃时可以栽植。

5.4　栽植密度

行距 1.2~2.0m，株距 0.3~1.0m，依品种而异。

6　土肥水管理

6.1　土壤管理

采用清耕制，经常进行锄草松土作业保持常年无杂草并维持土壤疏松，生长季灌水后，在葡萄栽植畦面及行间结合施肥灌水，每年进行 2~3 次浅翻，深度 20~25cm，畦面或树盘浅些，行间略深些。

6.2　施肥

符合 NY/T 394—2000 绿色食品　肥料使用准则

6.2.1　施肥原则

葡萄施肥的原则是在养分需求与供应平衡的基础上，坚持有机肥料与无机肥料相结合，大量元素与中量元素、微量元素相结合，基肥与追肥相结合，施肥与其他管理措施相结合，根据葡萄的需肥规律进行平衡施肥或配方施肥。使用的商品肥料应是在农业行政主管部门登记或免于登记的肥料；使用的农家肥应是充分腐熟的有机肥料。

6.2.2 施肥方法和数量

6.2.2.1 基肥

秋季果实采收后施入，以腐熟鸡粪等有机肥为主。每亩施 3 000 kg 有机肥。以深施为主，施肥部位在树冠投影范围内。

6.2.2.2 追肥

采用沟施法。

①催芽肥：2 月底，每亩施 20 kg 尿素 1 次。

②膨果肥：4 月底，每亩施 20 kg 硫酸钾型复合肥和 1 500 kg 腐熟鸡粪等有机肥 1 次。

③成熟增色肥：5 月中旬，每亩施 40 kg 硫酸钾 1 次。

6.2.3 灌溉水管理

6.2.3.1 灌溉水的原则

灌溉水的质量应符合 NY/T 391—2000 的规定。葡萄灌水时期的确定必须遵循两个原则。一是田间持水量，葡萄正常生长发育的田间持水量为 60% ~ 80%（即地表下 10 ~ 20 cm 土层一直保持湿润），低于 50% 要灌水；二是根据当时葡萄物候期、天气状况和大棚内湿度，有针对性的决定是否灌水。

6.2.3.2 灌溉水的方法和要求

①萌芽水：早春葡萄萌芽期，土壤干燥时，进行小水灌溉，灌水量以水分能渗透到湿土层即可。

②新梢促长水：当新梢已生长 20 cm 以上时进行灌溉。

③花期禁水：花期灌水导致降温，影响授粉、受精，导致坐果不好和小青果增加。

④幼果膨大水：坐果后 5 ~ 10 d 葡萄浆果第一次膨大期及时灌透水，以后每隔 7 ~ 10 d 灌透一次水，连续三次，保证葡萄高峰需水期的水分需求。

⑤浆果着色水：浆果着色初期葡萄浆果进入第二次膨大期一次灌透，最好维

持到浆果采收前不再灌水。

⑥浆果采收前限制水：浆果采收前 15d 内不能灌水，如果呈现较严重的干旱，应随时少量补水，维持正常的生命活动。

⑦树体恢复水：浆果采收后结合施基肥灌水，在以后的几个月的树体恢复期间坚持肥水管理。

7　整形修剪

7.1　架型

采用双篱架单蔓整形，苗木定植后，当新梢长到 20cm 左右时，每株葡萄留一个新梢培养主蔓。落叶后剪留 1.5m 左右，进入休眠期管理。第二年加温萌芽后，每蔓留 5~6 个结果新梢结果，剪留 3~4 芽作为永久性的结果枝组在距离地面 50cm 拐弯处在选留一个营养枝，冬剪时可留 7~8 芽预备二三年后更新换头。以后每年都按照第 2 年管理方法进行。

7.2　修剪

7.2.1　幼龄树阶段的修剪主要围绕培养主蔓、扩展树冠、兼顾侧蔓结果来进行。冬季修剪根据枝条生长情况，结果母枝采用长梢或超长梢修剪；夏季修剪采取花前晚抹芽、晚定梢；花期架面过密时，则将部分带结果枝的母蔓整个放到架面下，待其坐果后剪除；坐果后及时定梢，如树势仍较旺时，可多留果穗以控制树势，最晚在果实软化前把多余的果穗剪除。

7.2.2　树体形成后主要围绕结果枝组进行。冬季修剪中短梢留 3~4 芽。夏季主要是采用三段摘心法进行，即第一段留 6~8 片成叶摘心，第二段利用顶端副梢留 3~4 片成叶，第三段留 3~4 片成叶，最终保留成叶 12~16 片。

8 花果管理

8.1 定穗

坐果后定穗，每亩定穗 3 000~3 500 串（依品种而异）。一般每结果枝留 1 穗，剪除迟开花果穗、小果穗。

8.2 整穗、疏果

大穗剪除肩部（1~3）个小穗轴，过长的小穗轴剪除一部分，使果穗整齐。疏去过密的果粒和小果粒，每穗留果粒 100~120 粒（依品种而异）。

8.3 果实套袋

采用专用 BF 果实袋，于花后 15~20d 果穗整形后套袋。果实成熟前 10~15d 将果袋摘下，使果实充分着色，采收时最好再套上软白纸袋，纸袋质量应符合无公害卫生标准。

8.4 控产

每亩产量控制在 1 500~2 500kg。

9 病虫害防治

9.1 防治原则

以绿色栽培为目标，改善葡萄园生态环境，加强大棚内通风、透光度，降低室内湿度，培植健壮的树体，提高自身的抗病能力。按照"预防为主，综合防治"的方针，以农业防治为基础，因地因时，合理利用化学防治、生物防治和物理防治等措施，以杀灭病原菌为重点，采取冬季清园，绒球期铲除病原菌，坐果后及时套袋，生长期对症喷药相结合的防治措施。装好防虫网，利用黄板、灯光诱杀，防治害虫。

9.2　综合防治

冬季清园：冬季落叶后及时扫除全园残叶；冬剪时将病虫枝、残果剪除并带出园外，冬剪后至萌芽前剥除老翘树皮，老树干涂白涂剂；越冬前用石硫合剂全园喷洒一通进行消毒。

9.3　化学防治

所用农药均应符合 NY/T 393—2000 的相关规定。优先选用中等毒性以下的植物源、动物源、微生物源农药，矿物油和植物油制剂，矿物源农药中的硫制剂和铜制剂；使用许可的活体微生物农药、农用抗生素、有机合成农药，年生产周期内只能使用一次。坚持农药的正确使用，严格按使用浓度和安全间隔期施用，施药力求均匀周到。注意不同作用机理的农药交替使用和合理混用，以免产生抗药性和增加农药在果实中的残留量，提高防治效果。

9.3.1　病害防治

葡萄的主要病害有黑痘病、霜霉病、灰霉病等。一般用多菌灵、嘧霉胺、代森锰锌等交替防治。黑痘病可用80%代森锰锌可湿性粉剂800倍液防治；霜霉病可用60%代多菌灵可湿性粉剂1 200倍液防治；灰霉病可用40%嘧霉胺悬浮剂1 500倍液防治。

9.3.2　虫害防治

设施葡萄的虫害主要是蚜虫，可用1.5%可溶液剂苦参碱3 000倍液进行防治。

10　果实采收

10.1　采收时间

果实在符合 NY/T 844—2010 规定的情况下适时采收。

10.2　采收方法

采摘时一手托住果穗，另一手握采果剪，将果穗剪下。轻拿轻放，不要擦掉果粉。套袋的果穗最好将纸袋一起取下，盛于果筐内或果箱中。

10.3　包装

葡萄包装容器应无毒、无异味、光滑、洁净，符合（NY/T 658—2002 绿色食品　包装通用准则）的要求，包装上印制商标、品名、重量、等级、标识（绿色）及产地、企业名称、电话等。

11　整理和贮存

暂不上市销售的葡萄，入绿色食品专用贮存库暂存。入库前先在预冷库预冷 12~24h，预冷温度控制在−2~0℃，预冷结束后入保鲜库贮存，保鲜库温控制在 0~1℃，相对湿度在 90% 左右。

12　记录

对生产全过程进行记录，确保葡萄质量可追溯。生产档案保存 3 年。

绿色食品杏鲍菇生产技术规程
DB4109/T 006—2012

1 范围

本标准规定了绿色食品杏鲍菇的术语、产地环境、品种选择、制袋工艺、栽培管理、采收包装、病害防治等要求。

本标准适用于濮阳市绿色食品杏鲍菇生产。

2 规范性引用文件

下列文件中的条款通过本标准的引用而成为本标准的条款。凡是注日期的引用文件，其随后所有的修改单（不包括勘误的内容）或修订版均不适用于本标准，然而，鼓励根据本标准达成协议的各方研究是否可使用这些文件的最新版本。凡是不注日期的引用文件，其最新版本适用于本标准。

GB 5749 生活饮用水卫生标准

GB/T 12728—2006 食用菌术语

NY/T 391—2000 绿色食品 产地环境条件

NY/T 749—2003 绿色食品 食用菌

NY/T 393—2000 绿色食品 农药使用准则

NY/T 658—2002 绿色食品 包装通用准则

3　术语和定义

GB/T 12728—2006 和 NY/T 391—2000 确定的术语和定义适用于本标准。

4　产地环境

生产场地环境应符合 NY/T 391—2000 的规定，并应清洁卫生、地势较高且平坦、排灌方便，场地周边 2km 以内不允许有"工业三废"等污染源，远离医院、学校、居民区、公路主干线 500m 以上。

5　生产技术管理

5.1　保护设施

5.1.1　发菌室

可利用空闲房屋、院落发菌。要求：干净，通风，光线暗，干燥，夏季凉爽，冬季保暖。

5.1.2　菇房（棚）

各类温室、拱棚等和园艺设施均可用作菇房（棚）；夏季要搭建荫棚。应配备调节温度和光线的草帘、草苫、遮阳网等，通风处和房门安装纱窗防虫。要求通风良好、可密闭。

5.2　品种选择

使用菌丝洁白、健壮、无污染、适龄菌种，选择优质、高产、抗逆性强、市场需求的适宜品种。

5.3 菌袋生产与管理

5.3.1 配料

5.3.1.1 配方

①玉米芯 45%，杂木屑 22%，麸皮 23%，玉米粉 5%，豆粕 4%，轻质碳酸钙 1%。

②棉籽壳 39%，杂木屑 39%，麸皮 20%，糖 1%，石膏粉 1%。

③棉籽壳 85%，麸皮 13%，糖 1%，石膏粉 1%。

④木屑 35%，棉籽壳 33%，麸皮 15%，玉米粉 5%，豆秆粉 10%，糖 1%，石膏粉 1%。

5.3.1.2 原料要求

①要求优质、干燥、无结块，无异味，无污染的原材料。

② 拌料用水符合 GB 5749 规定。

5.3.1.3 拌料

做到原料和辅料混合均匀、干湿搅拌均匀、酸碱度均匀，即含水量控制在 65% 左右、pH 值为 6.5~7.5 为宜。

5.3.2 装袋

搅拌一结束就要马上装袋，要边装入边压紧，使袋内原料上下松紧一致，用手捏时塑料袋有弹性，填料后扎紧袋口置入筐内，罩上防湿盖。装袋尽可能在 2h 之内全部结束，进锅灭菌。

5.3.3 灭菌

①高压灭菌：要求 1.05kg/cm² （121℃）保持 5h。

②常压灭菌：要求 100℃维持 14h。

5.3.4 冷却

采用自然散热冷却，不要进行通风，以减少料棒外的杂菌孢子附着和进入料棒。冷却到 30℃以下，用手摸无热感时即可接种。

5.3.5 接种

在接种室（箱）中进行接种，整个接种过程严格按照无菌操作要求进行，做到严、快，以减少杂菌污染。

5.3.5.1 消毒

用气雾消毒剂对接种室（箱）进行熏蒸杀菌，菌种袋（瓶）、接种工具及双手用0.2%的高锰酸钾液或75%的酒精进行消毒。

5.3.5.2 接种封口

使用接种棒或接菌针接菌后封住穴口。

5.3.6 发菌管理

发菌管理主要是根据菌丝生长和菌袋内的变化情况，做好培养室消毒、刺孔通气、控温、翻堆及发菌检查、通风降温等工作。

5.3.6.1 发菌室消毒

用消毒药水喷雾或熏蒸消毒，并在地面撒些生石灰粉。

5.3.6.2 菌袋堆码

菌袋排放地面，按"#"字形叠高5~6层，排列时接种口对外侧，不要重叠，每排菌袋之间要留缝隙，以利通风发菌。

5.3.6.3 培养发菌

①温度：22~25℃。

②相对湿度：80%以下。

③光线强度：以黑暗和弱光照为宜。

④pH值：6.5~7.5。

⑤30~40d菌丝走满。

5.4 出菇管理

5.4.1 菇房前处理

5.4.1.1 清洁整理

菇房（棚）使用前应清洁整理，清除杂物、杂草等，温室和拱棚要平整土地。

5.4.1.2 灭虫和消毒

①消毒：新菇房（棚）使用前1~3d地面撒一薄层石灰粉进行场所消毒；老

菇房用每立方米用 40%甲醛 17mL 和 98%高锰酸钾晶体 14g 混合产生气体熏棚 8h，或用 99%的硫黄粉每立方米 15g 燃炭火熏棚 24h。

②灭虫：使用 2.5%溴氰菊酯乳油 1 500~2 500 倍液喷雾，施药后密闭 48~72h。

5.4.2 入菇房

菌袋发满后，应在发菌室再维持 7d 左右，令菌丝充分生理成熟，然后将菌棒移入菇房（棚），去掉封口。

5.4.3 催蕾

5.4.3.1 温度

适当提高昼夜温差，白天为 16~18℃，晚上为 8~10℃。

5.4.3.2 相对湿度

控制在 85%~95%，可用地面喷水、空间雾水增湿或通风降低湿度。

5.4.3.3 光照

保持菇房（棚）内散射光充足，避免强光。

5.4.3.4 通风

根据温度和适度灵活掌握通风换气。

5.4.4 疏蕾

将劣质菇切掉，选择向袋口生长、菇盖圆形的菇蕾，每袋控制在 2~3 朵健壮菇蕾。

5.4.5 育菇

5.4.5.1 温度

前期温度控制在 12~18℃，中期温度控制在 13~16℃，后期温度控制在 14~17℃。

5.4.5.2 相对湿度

控制在 90%~95%，若湿度不够，可用地面喷水、空间雾水增湿。

5.4.5.3 光照

保持菇房（棚）内散射光强。

5.4.5.4　通风

根据温度和湿度灵活掌握通风换气。中期，可利用减少通风，增加二氧化碳浓度抑制菇盖生长，刺激菇柄增长变粗。

5.4.5.5　pH 值

5.5~6.5 为宜。

5.5　采收

一般菌盖平整、孢子尚未弹射时为采收适期。柄长为 12~15cm。采收时套上一次性手套，以减少菇体上的指纹印，影响商品外观。采收后及时清理料面，停止喷水，15d 左右可采收第二潮菇。

6　包装

包装材料要清洁、无味、无毒、便于运输和仓储，符合 NY/T 658—2002 的规定。

7　病虫害防治

7.1　原则

贯彻"预防为主、综合防治"的植保方针，优先采用农业防治、物理防治、生物防治措施，尽可能做到出菇期不使用化学农药。在必须使用时做到使用安全药剂，合理用药，使用低毒低残留农药，药物不直接接触菌丝体和菇体，并在残留期满后再行催菇出菇。要达到生产安全、优质绿色食品杏鲍菇的目的。

7.2　综合防治措施

①把好菌种质量关，选用高抗、多抗的品种。菌种生产尽量避开闷热、潮湿的环境。

②应用低湿、低温、通风、石灰处理等综合防治霉菌污染。

③杀虫灯或毒饵诱杀害虫,定期消毒、灭虫,搞好环境卫生,污染袋及时处理,清除感病菌床或菌块,带到室外深埋。

④管理好通风门窗,要及时用防虫网封好。必要时限制开门次数,防止外来虫源进入。

7.3 药剂防治

7.3.1 农药使用

符合 NY/T 393—2000 的相关规定。

7.3.2 防虫菇蝇、菌蚊

7.3.2.1 可使用的农药和使用浓度

①2.5%溴氰菊酯乳油 1 000~2 000倍液喷洒。

②20%氰戊菊酯乳油 2 000~4 000倍液喷雾。

7.3.2.2 施药时机

应在菌袋入棚前或采菇后施药。

7.3.3 防治病害

用50%多菌灵可湿性粉剂 600 倍液菌袋入棚前进行喷洒。

绿色食品金针菇工厂化生产技术规程
DB4109/T 100—2015

1 范围

本规程规定了绿色食品金针菇的术语、产地环境、制袋工艺、栽培管理、采收管理、产品储存及病虫害控制措施等要求。

本规程适用于濮阳市绿色食品金针菇工厂化生产。

2 规范性引用文件

下列文件中的条款通过本标准的引用而成为本标准的条款。凡是注日期的引用文件，仅所注日期的版本适用于本文件。凡是不注日期的引用文件，其最新版本（包括所有的修改单）适用于本文件。

GB 5749　生活饮用水卫生标准

GB 9688　食品包装用聚丙烯成型品卫生标准

GB/T 12728　食用菌术语

NY/T 393　绿色食品　农药使用准则

NY/T 391　绿色食品　产地环境质量

NY/T 658　绿色食品　包装通用准则

NY/T 749　绿色食品　食用菌

NY/T 1056　绿色食品　贮藏运输准则

NY/T 1742　食用菌菌种通用技术要求

NY/T 1935　绿色食品　食用菌栽培基质质量安全要求

3　术语和定义

GB/T 12728 和 NY/T 391 确定的术语和定义适用于本规程。

4　产地环境

金针菇产地环境应符合 NY/T 391 的规定，栽培基质应符合 NY/T 1935 的规定。

5　生产技术管理

5.1　生产工艺流程

备料→配料→装瓶→灭菌→冷却→接种→菌丝培养→搔菌→出菇管理→采收→包装→储存→运输

5.2　生产设施

工厂化生产金针菇，要具有现代化的厂房，除建成原材料存放、办公设施外，须建成拌料装瓶室、灭菌室、冷却室、接种室、发菌室、搔菌室、催蕾室、生长室及其配套设施，车间洁净区符合洁净室基本的规范，采用自动化设备拌料、装瓶、接种，灭菌设备采用高压蒸汽灭菌柜。

5.2.1　菇房

菇房要求相对独立，各冷库排列于中间过道为宜，房门开于过道，过道自然形成缓冲间，减少空气交换时外界与菇房的温差。菇房要求通风换气良好，保温、保湿性能好，调节光照方便，屋顶及四周墙壁要光洁坚实，地面采用砖地或水泥地，在墙近地平 30cm 处留 4 个排气孔，墙离檐口 50cm 处留 4 个进气孔，在各排气孔处安装大小适宜的排风扇，每个进气孔和排气孔安装防虫网。

5.2.2 栽培架

为了提高设施的使用面积，可在菇房内设置多层床架，床架用水泥或三角铁制成。床架以首层离地 30cm、层间距为 45cm 为宜。

5.3 菌种选择

选用适于濮阳市气候及原料特点的优质、高产、抗逆性强、商品性好的金针菇品种，菌种质量应符合 NY/T 1742 食用菌菌种通用技术要求。

5.4 培养料的制作

5.4.1 培养料配方

①玉米芯 35%，油糠 30%，麸皮 14%，大豆皮 5%，棉籽壳 5%，啤酒糟 5%，豆粕 3%，甜菜渣 2%，碳酸钙 1%。

②杂木屑 73%，麸皮 25%，石膏 1%，糖 1%。

③棉籽壳 89%，麸皮 10%，碳酸钙 1%。

④棉籽壳 96%，玉米粉 3%，糖 1%。

5.4.2 拌料

用搅拌机将培养料搅拌均匀。拌料时应控制含水量在 65%～70%，pH 值为 6～7，当堆内温度达到 65～70℃时进行翻堆，要翻 4 次，以用手紧握培养料、手指缝能溢出水且不下滴为宜。

5.4.3 装瓶

栽培瓶选择应符合 GB 9688 的规定。

选用容量为 1 200mL 的聚丙烯塑料瓶，将拌好的栽培料用机器装瓶，填装松紧适宜，要求每瓶标准重 1 015～1 055g（包括瓶和瓶盖）。测量料面高度，装料第一次打孔后料面距离瓶口 1.2cm，再进行第二次打孔压下 0.3cm，料面平整距离瓶口 1.5cm。

5.4.4 灭菌

采用高压蒸汽灭菌法灭菌，灭菌程序为：110℃ 下保温 20min，115℃ 下保温

40min，123℃ 下保温 120min。

5.4.5 冷却

灭菌后将出菇瓶放在通风、干净的冷却室进行降温，待料温降至 17~20℃，方可接种。

5.5 接种要求

5.5.1 接种前准备

做好开机前检查，确定机器各部件正常，对接种机和喷头进行消毒，并连接好菌种发酵罐，设定接种量：每瓶接液体菌种 30~35mL。接种前，料温应控制在 17~20℃。

5.5.2 接种

启动接种机，每罐接种前后各测一次，要求每瓶接种量平均值在 30~35mL 之间，菌种以全部覆盖培养料表面为宜。

5.6 菌丝培养

5.6.1 培养室要求

培养室要求清洁、干燥、黑暗、通风良好，可先用 30mg/kg 臭氧和紫外灯消毒；栽培架、地面、墙壁等处用 0.03% 高锰酸钾溶液喷雾消毒一次；托盘先在阳光下暴晒，后用 0.025% 高锰酸钾溶液擦拭。将出菇瓶用叉车依次摆放在培养室，要求每个托盘 8 层瓶高，摆放整齐。

5.6.2 发菌条件

培养室内温度保持 20℃ 左右，空气相对湿度保持在 60%~65%，瓶间温度控制在 18~21℃。

5.6.3 菌丝观察

发菌期间要经常观察有无污染情况发生及菌丝生长状况，做好管理记录，发现菌丝生长异常要及时查找原因，发菌培养过程一般需要 22~25d。

5.7 出菇管理

5.7.1 搔菌

菌丝长满出菇瓶90%时，即可搔菌。搔菌处理时应定时检查喷水的压力、喷水时间，并及时清理搔菌刀头上的尼龙绳等残留物。确认栽培种搔菌后的质量，料面平整，无细菌，霉菌污染等，并将搔菌后栽培种整齐摆放在托盘上，转移至出菇房。

5.7.2 催蕾

此期应保持空气相对湿度以80%~95%为宜，温度控制在10~15℃为好，7d左右，陆续长出尖状菌蕾，蕾头白色为正常。

5.7.3 抑制

当菌柄长1mm，菌盖直径约1.5mm时，可抑制先伸长菇体的发育，促进后伸长菇体的发育。抑制室温度保持在3~5℃，湿度为85%~90%。二氧化碳浓度在11%以下，抑制7d左右。还可采用降温、降湿、通风的措施，延缓籽实体形成，使其同步进行。

5.7.4 套筒

当菌柄长出瓶口2cm时，对出菇瓶进行套筒。套筒纸粘贴要规范，要求套筒纸两端搭扣粘贴时要保持平行，粘贴正中间位置，套筒后套筒纸下方突出部位位于外侧，方向保持一致，且搭扣粘贴牢固，不易分开，上下错位≤0.5cm，并呈现下紧上松的效果；此阶段以温度6~7℃，空气相对湿度92%~93%，菇房中二氧化碳含量保持5 000~6 000mg/kg为宜，约15d。

5.8 采收

当菌柄长13~14cm、整齐，菌盖直径1cm左右、边缘内卷、没有畸变，菌柄菌盖不呈吸水状、菌柄根根分清、又圆又粗、全体纯白色，菇体结实、含水量不过多时为采收期。采收先取下包菇片，用手握住固体根部用力拔出瓶口，一次采收干净。采收后栽培料应及时清理出菇房，并对菇房进行消毒。

6　包装

待包装金针菇应符合 NY 749 的规定，金针菇包装应符合 NY/T 658 的规定。

包装车间要保持清洁、干燥，温度保持在 12℃±1℃，空气湿度保持在 60%~65%。根据菌柄长度及菌盖大小将菇分级，将适合做带根产品的菇直接放在包装台上，适合做切根产品的菇放在剪根台上，及时把金针菇装入包装袋内，排除袋内空气，扎紧袋口，整齐放入专用纸箱中。

7　贮藏和运输

金针菇的贮藏和运输应符合 NY/T 1056 的规定。

包装好的金针菇存放在清洁、干燥，温度为 4℃，黑暗或弱光的储存库内储存，不得与其他物品混合储存。长距运输或夏季高温时应使用冷藏车运输。

8　病虫害防治

8.1　主要病虫害

金针菇主要病虫害为竞争性杂菌，专性寄生主要为黏菌类等，虫害为菌蚊、菇蝇、螨类等。

8.2　防治原则

贯彻"预防为主、综合防治"的植保方针，优先采用农业防治、物理防治、生物防治措施，尽可能做到出菇期不使用化学农药。在必须使用时做到使用安全药剂，合理用药，使用低毒低残留农药，药物不直接接触菌丝体和菇体，并在残留期满后再行催菇出菇。要达到生产安全、优质绿色食品金针菇的目的。

8.3　综合防治措施

①把好菌种质量关，选用高抗、多抗的金针菇品种。做好接种室及培养室等的室内消毒工作，创造有利于金针菇生长不利于病虫及杂菌繁殖的环境条件。

②做好厂区卫生，及时清除散落在走道、房间内的培养料或菌种块杜绝杂菌滋生的源头。地面用浓度2%的石灰水拖洗。

③杀虫灯饵诱杀害虫。

④定期消毒、灭虫，搞好环境卫生，污染瓶及时处理，清除感病菌床或菌块，带到室外深埋。

⑤合理调节菇房湿温度，菇房保持良好的通风、清洁卫生，管理好通风门窗，及时用防虫网封好，必要时限制开门次数，防止外来虫源进入。

8.4　药剂防治

化学药剂使用应符合 NY/T 393 的规定。

①杂菌：可使用过氯化物类和含氯类消毒剂对菇房进行消毒。

②菌蛆、螨：可使用 4.3% 氯氟·甲维盐乳油 0.13～0.22g/100m² 喷雾方式防治。

沼稻鳅有机大米生产技术规程
DB4109/T 117—2016

1 范围

本标准规定了沼稻鳅共作模式有机大米生产的产地环境、沼液的生产利用、品种选择、育秧、移栽、田间管理、收获、泥鳅的放养和捕获等。

本标准适用于沼稻鳅共作模式有机大米生产。

2 规范性引用文件

下列文件对于本文件的应用是必不可少的。凡是注日期的引用文件，仅注日期的版本适用于本文件。凡是不注日期的引用文件，其最新版本（包括所有的修改单）适用于本文件。

GB 3095—2012 环境空气质量标准

GB 4404.1—2008 粮食作物种子质量标准 禾谷类

GB 5084—2005 农田灌溉水质标准

GB 7959—2012 粪便无害化卫生标准

GB 15618—2008 土壤环境质量标准

NY/T 1220.1—2006 沼气工程技术规范

NY/T 2065—2011 沼肥施用技术规范

3 术语和定义

下列术语和定义适用于本标准。

3.1 沼稻鳅有机大米

采用本标准规定范围内生产的稻谷,并在生产、加工、销售过程符合有机食品标准的大米。

3.2 缓冲带

在有机稻和常规稻地块之间有目的设置的、可明确界定的用来限制或阻挡临近田块的禁用物质飘移的过度区域。

4 产地环境

稻谷产地应选择生态环境优良,周边植被覆盖率高,远离城区、工矿区、交通主干线、生活垃圾场等污染源,能形成独立的小气候,且排灌便利、集中连片。产地的环境质量应符合以下要求。

①环境空气质量应符合 GB 3095—2012 中的二级标准。

②农田灌溉用水水质应符合 GB 5084—2005 的规定。

③土壤环境质量应符合 GB 15618—2008 的二级标准。

5 转换期

转换期一般不少于 24 个月,新开荒的、长期撂荒的、长期按传统农业方式耕种的或有充分证据证明多年未使用禁用物质的农田,不少于 12 个月。

6 基础设施建设

6.1 沼气池建设

为保证沼液能充分发酵，有持续的沼液供应，应建 8 室以上连体沼气池。在投料口安装搅拌及过滤装置，在沼液出口安装加压设备，埋设地下管道连接各方田块。沼气池应在水稻育秧前至少一个月正常产气。把鸡粪对水充分搅拌、过滤，输入沼气池，每立方米鸡粪对 $3m^3$ 水。

沼气池建设应符合 NY/T 1220.1—2006 规定。

沼液应符合 NY/T 2065—2011 的规定。

6.2 稻田基础设施建设

清挖排灌渠道，达到旱能灌，涝能排。把稻田分成 5~10 亩的田块，田块之间堆建田埂，田埂高 60cm，埂顶宽 80cm。田块四周开挖鱼沟，鱼沟一般宽 80cm，深 40cm。在稻田相对两角的田埂上，开好进、排水口及安装拦鱼设施。

7 秧田管理

7.1 品种选择

应选择适应本地种植的高抗、优质、高产品种，种子质量应符合 GB 4404.1—2008 的标准，米质应达到国家优质二级米以上标准。

7.2 秧田整地

秧田应深耕达到 20~30cm，然后耙平，达到"肥、松、细、软"的秧田质量标准。

7.3 苗床制作

播前 3~4d 完成作床。秧畦宽 1.5m，长度不超过 15m，床间留沟。秧田应达到泥烂、面平，床面高低差不超过 1cm，抹平床面待播种。然后浇透底墒水，随水冲施沼液每亩 3~5m^3，保持 3~5cm 的水层。

7.4 种子处理

播前选择晴朗天气，于中午前后每天晒种 6h，翻动 2~3 次，连晒 2~3d。沼稻鳅模式种子可不用药剂拌种和浸种。

7.5 播期及播量

在 5 月 1 日~5 月 10 日播种，每平方米苗床播干种 50~80g。

7.6 播种及秧田水分管理

将秧床上的水排除，在床面上没有明水时，将种子均匀撒于秧床上，均匀稀播，然后用扫帚等轻拍，使种子刚好没入泥中，然后，往秧田灌水，保持水层 2~3cm。播后 3~5d 待种子萌动后，排除床面上的明水，保持湿润生长。

苗高 10cm 时随水冲施沼液，每亩秧田施沼液 3m^{3}左右，此时秧田应保持 5cm 的水层。

7.7 病虫草害防治

采用人工拔除杂草。采用色诱板、杀虫灯、隔离网等物理方法防治病虫害。

8 大田管理

8.1 大田整地

稻田应深耕翻 20cm 左右，耙平，高低相差不超过 2cm。然后浇透底墒水，随水冲施沼液每亩 3~5m³，保持 3cm 的水层。

8.2 插秧

6 月中旬插秧为宜，最迟不超过 6 月底。行距为 33~35cm，穴距 10~12cm，每穴 3~4 苗。

秧苗要随拔随栽，插秧时灌 3cm 浅水层，插秧深 2~3cm。

8.3 田间水层管理

8.3.1 插秧后保持 3~4cm 深的水层，护苗返青。

8.3.2 分蘖期浅水（2~3cm 水层）和湿润（露泥）灌溉相结合，做到浅水勤灌。

8.3.3 拔节后保持 3~4cm 浅水层。拔节后如苗弱可再施一次沼液，每亩 2m³，量不宜过大；苗壮的地块可不施。

8.3.4 孕穗至灌浆期，稻田应建立 5~8cm 水层，不断水。

8.3.5 蜡熟末期落干。

8.4 其他管理

沼稻鳅大米不使用任何农药和化肥，采用色诱板、杀虫灯、隔离网等物理方法防治病虫害，采用人工拔除杂草。

9 泥鳅的放养

老稻田可不投或少投种鳅。新稻田在水稻插秧前或插秧后 5~7d 投放种鳅，每亩投放 1 500~2 000尾。

10 泥鳅的捕捞与水稻的收获

10.1 泥鳅的收捕

7—9月为鳅苗的捕获期，当泥鳅苗长到 5~10cm 时，就可作为商品泥鳅苗捕捉，收捕方法一般用地龙捕获；8—9月为成鳅捕获期，成鳅可用地龙、诱捕法，让泥鳅集中到鱼沟、鱼溜中进行捕捉。

10.2 水稻的收获

沼稻鳅共作水稻一年一熟，要尽量晚收。去除杂株、病株、倒伏霉变植株，及时脱粒，及时晾晒，严格单收单打单贮。

绿色食品莲藕生产技术规程
DB4109/T 079—2013

1 范围

本标准规定了绿色食品莲藕产地的环境空气质量、农田灌溉水质、土壤环境质量的各项指标及浓度限值，监测和评价方法。适用于绿色食品 AA 级和 A 级生产的农田、蔬菜地、和水产养殖场。

2 规范性引用文件

下列文件中的条款通过本标准的引用而成为本标准的条款。凡是注日期的引用文件，其随后所有的修改单（不包括勘误的内容）或修订版均不适用于本标准；然而，鼓励根据本标准达成协议的各方研究是否可使用这些文件的最新版本。凡是不注日期的引用文件，其最新版本适用于本标准。

GB 3095—1996 环境空气质量标准

GB 5084—1992 农田灌溉水质标准

GB 5749—1985 生活饮用水质标准

GB 15618—1995 土壤环境质量标准

GB 9137—1988 保护农作物的大气污染物最高允许浓度

NY/T 391 绿色食品　产地环境条件

NY/T 393 绿色食品　农药使用准则

NY/T 394 绿色食品　肥料使用准则

3 定义与术语

本标准采用下列定义。

3.1 绿色食品

绿色食品，系指遵守可持续发展原则，按照特定生产方式生产，经专门机构认定，许可使用绿色食品标志的，无污染的安全、优质、营养类食品。

3.2 AA 级绿色食品

AA 级绿色食品，系指生产地的环境质量符合 NY/T 391 要求，生产过程中不使用化学合成的肥料和其他有害于环境和身体健康的物质，按有机生产方式生产，产品质量符合绿色食品产品标准，经专门机构认定，许可使用 AA 级绿色食品标志的产品。

3.3 A 级绿色食品

A 级绿色食品，系指生产地的环境质量符合 NY/T 391 的要求，生产过程中严格按照绿色食品生产资料使用准则和生产操作规程要求，限量使用限定的化学合成生产资料，产品质量符合绿色食品产品标准经专门机构认定，许可使用 A 级绿色食品标志的产品。

3.4 绿色食品产地环境质量

绿色食品植物生长和水产养殖地的空气环境、水环境和土壤环境质量。

本标准术语

浅水藕：适宜栽培在水深为 5~30cm 的莲藕。

母藕：莲鞭初期节间较短，以后延长，到结藕期节间又缩短，先端的几个节间积累养分，形成缩短肥大的根状茎。

子藕：新藕第二、三节上抽生的分枝。

立叶：叶片高大，叶柄粗硬，柄上倒生刺，挺立出水的荷叶。

终止叶：最后一片叶，着生于新藕节上，叶片小而厚，叶色浓绿，叶柄短而细，光滑无刺或少刺。

藕头：新藕先端较短的一节。

藕身：新藕中间较长而肥大的 2~4 节。

后把：立叶的下部

种藕：具有品种特征、藕头饱满、顶芽完整、藕身肥大、藕节细小、后把粗壮、无病虫害和色泽光亮的母藕，或粗壮、至少有 2 节充分成熟藕身、顶芽完整的子藕。

4 环境质量要求

绿色食品莲藕生产基地应选择在无污染和生态条件良好的地区。基地选点应远离工矿区和公路铁路干线，避开工业和城市污染源的影响，同时绿色食品莲藕生产基地应具有可持续的生产能力。

4.1 空气环境质量要求

绿色食品莲藕产地空气中各项污染物含量不应超过表 1 所列的浓度值。

表 1 空气中各项污染物 含量不应超过表 1 的浓度值 mg/m^3（标准状态）

项目	浓度限值	
	日平均	1h 平均
总悬浮颗粒物（TSP）	0.30	—
二氧化硫（SO_2）	0.15	0.50
氮氧化物（NOx）	0.10	0.15
氟化物 7（$\mu g/m^3$）	1.8 [$\mu g/(dm^2.d)$]（挂片法）	20（$\mu g/m^3$）

注：①日平均指任何一日的平均浓度；②1h 平均指任何 1h 的平均浓度；③连续采样 3d，一日三次，晨、中和夕各一次；④氟化物采样可用动力采样滤膜法或用百灰滤纸挂片废，分别按各自规定的浓度限值执行，石灰滤纸挂片法挂置 7d

4.2 农田灌溉水质要求

绿色食品产地农田灌溉水中各项污染物含量不应超过表2所列的浓度值。

表2 农田灌溉水中各项污染物的浓度限值 （mg/L）

项目	浓度限值
pH 值	5.5~8.5
总汞	0.001
总镉	0.005
总砷	0.05
总铅	0.1
六价铬	0.1
氟化物	2.0
粪大肠菌群	10 000 （个/L）

注：灌溉菜园用的地表水需测粪大肠菌群，其他情况下不测粪大肠菌群

4.3 土壤环境质量要求

绿色食品莲藕产地各种不同土壤中的各项污染物含量不应超过表3所列的限值。

表3 土壤中各项污染物的含量限值 （mg/kg）

耕作条件	水田		
pH 值	<6.5	6.5~7.5	>7.5
镉	0.30	0.30	0.40
汞	0.30	0.40	0.40
铅	50	50	50
砷	20	20	15
铬	120	120	120
铜	50	60	60

注：①果园土壤中的铜限量为旱田中的铜限量的一倍；②水旱轮作用的标准值取严不取宽

5　生产技术

5.1　品种选择

选择熟期适宜、优质、高产、抗逆性强、符合市场消费习惯的品种，如鄂莲6号、鄂莲6号、鄂莲5号、鄂莲4号等。

5.2　藕种准备

选择具有本品种特征、藕头饱满、顶芽完整、藕身肥大、藕节细小、后把粗壮、无病虫害和色泽光亮的母藕，或粗壮、至少有2节充分成熟藕身、顶芽完整的子藕作种藕。种藕应适当带泥，随挖随栽；从挖掘至定植以不超过10d为宜，不能及时栽植时，应浸水保存或覆草浇水湿存；需要长途运输或较长时间贮存者，须洗净、消毒、包装，但贮运时间不宜超过45d。用种量为250~300kg/亩，或具顶芽800~1 000个。

5.3　藕田准备

5.3.1　整地
藕田选定好以后，要及时深耕25~30cm，耙平，除尽杂草和往年的枯叶及藕鞭等恶残留物，并修筑好池埂。

5.3.2　施基肥
4月上旬，每亩施用经无害化处理过的农家肥或腐熟鸡粪2 500~3 000kg，硫酸钾复合肥40~50kg作基肥。肥料使用应符合NY/T 394的要求。

5.4　定植

5.4.1　定植时间
4月下旬定植为宜。

5.4.2 定植方法

定植密度为行距 2.0~2.5m，穴距 1.5~2m，每亩栽 120~200 穴，每穴排放母藕 1 支或子藕 2~4 支。将种藕以与地面呈 20 度角斜插田中，藕头入土深 5~10cm，后把节梢露在水面上。不同行间定植穴交叉排列呈梅花形，四周边行的藕头一律朝向田内，边行与田埂的距离为行距的一半。

5.5 田间管理

5.5.1 水位调节

田间应常年保持水层，4—5 月水层以 5~10cm 深为宜，随气温上升而加深；7—8 月高温季节可灌水 10~20cm，9—10 月可灌水 5~10cm；进入冬季，田间水层以地下藕不发生冻害为宜。追肥前宜将水位适当放浅，追肥后逐步恢复原先水位。

5.5.2 追肥

第一次在 5 月下旬，每亩追施尿素 8~10kg；第 2 次在 6 月中旬，每亩追施硫酸钾复合肥 25~30kg。追肥时，勿踩伤莲鞭；勿使肥料置留叶片上，若有置留，应及时用水浇泼冲净。

6 病虫杂草防治

6.1 主要病害

叶枯病。

6.2 主要虫害

蚜虫。

6.3 主要草害

稗草、牛毛毡等。

6.4　病虫防治原则

坚持"预防为主，综合防治"的植保方针，优先采用"农业防治、物理防治和生物防治"措施，配套使用化学防治措施的原则。

6.5　防治方法

6.5.1　农业措施

选用抗病品种，栽植无病种藕；采用水旱轮作；清洁田园，加强除草，减少病虫源。

6.5.2　物理防治

人工摘除斜纹夜蛾卵块或于幼虫未分散前集中捕杀，用杀虫灯（黑光灯或频振式）诱杀成虫；田间设置黄板诱杀有翅蚜。

6.5.3　生物防治

保护利用天敌，防治病虫害。

6.5.4　化学防治

6.5.4.1　药剂使用原则和要求

严格按照 NY/T 393 的规定执行；不准使用禁用农药，严格控制农药浓度及安全间隔期，注意交替用药，合理混用。

6.5.4.2　叶枯病

发病初期用 70%甲基硫菌灵可湿粉剂 25g/亩喷雾一次。

6.5.4.3　蚜虫

用 5%吡虫啉乳油 20mL/亩喷雾一次，

6.5.4.4　杂草

在封行前人工拔除。

7　采收

嫩藕，于 9 月上中旬、终止叶背呈微红色、基部立叶的叶缘开始枯黄时挖取嫩藕上市；老藕，于 10 月以后至翌年 3 月采收。采收时，应保持藕节完整、无明显伤痕。

8　包装

塑料箱、纸箱等包装容器须按产品的大小规格设计，应整洁、干燥、牢固、透气、美观、无污染、无异味，内壁无尖突出物，无虫蛀、腐烂、霉变等，纸箱无受潮、离层现象。

每批产品所用的包装、单位质量应一致，每一包装上应标明产品名称、标准编号、商标、生产单位（或企业）名称、详细地址、产地、规格、净含量、包装日期、安全认证标志和认证号等，标志上的字迹应清晰、完整、准确。

9　建立档案

应详细记录产地环境条件、生产技术、病虫杂草防治、采收和包装等各环节所采取的具体措施。

绿色食品芦笋栽培技术规程
DB4109/T 103—2015

1 内容与适用范围

本标准规定了濮阳县芦笋主要栽培技术、病虫害防治、收获方法及产量等内容。

本标准适合濮阳地区气候，适合土层深厚，微酸到微碱（pH 值为 6～7.2），富含腐殖质的沙壤土和壤土。绿色食品芦笋生产基地应选择在大气无污染、生态环境良好的地区，应远离矿区和公路、铁路干线，避开工业和城市污染源的影响，环境质量符合国家大气环境质量标准。土壤和水资源状况具备绿色芦笋优质生产和可持续生产的能力。

2 规范性引用文件

下列文件中的条款通过本标准的引用而成为本标准的条款，其最新版本适用于本标准。

NY/T 391—2013　绿色食品　产地环境质量

NY/T 393—2013　绿色食品　农药使用准则

NY/T 394—2013　绿色食品　肥料使用准则

NY/T 655—2012　绿色食品　茄果类蔬菜

NY/T 658—2002　绿色食品　包装通用准则

NY/T 1056—2006　绿色食品　贮藏运输准则

3　基础条件与设施

本规程的芦笋栽培是露地一大茬生产，春季进行采笋，夏秋季节进行植株生长，冬季进入植株休眠期。

4　技术措施

4.1　品种选择

选择植株抗性强，嫩茎抽生早，数量多，肥大，上下粗细均匀，顶端园钝而鳞片紧密。在较高温度下笋头也不易松散，见光后呈淡绿色，采收绿笋的嫩茎见光后呈深绿色，如阿波罗、巨大新泽西等杂交一代新品种。

4.2　育苗

4.2.1　时间
芦笋的播种期，一般露地在终霜后播种育苗，适宜播种期为4月中上旬。

4.2.2　用种量
种植每亩芦笋需种子75g，育苗用地30m²。

4.2.3　育苗地
露地育苗，选排水，透气良好的沙质壤土，容易发苗，起苗。

4.2.4　苗床准备
将苗床地深翻25cm左右，每亩施优质腐熟基肥5 000kg，与土混匀，整平作畦，畦宽1.2~1.5m，长10~15m。

4.2.5　种子处理

4.2.5.1　浸种
将种子先用清水漂洗，漂去秕种和虫蛀种，再用50%多菌灵300倍液浸种

12h，清毒后将种子用 30~35℃温水浸泡 48h，其间每天换水 1~2 次。

4.2.5.2 催芽

用干净温布包好，在 25~28℃环境中催芽，每天用清水淘洗 2 次，当种子有 20%左右露芽时，即可进行播种。

4.2.5.3 播种

播种前浇足底水，按株行距各 10cm 画线，将催好芽的种子单粒点播在方格中央，然后用细筛将土均匀地覆盖在畦面上，厚 2cm 即可。

4.2.6 播后管理

播后防蝼蛄、蛴螬等害虫，可用杀虫灯防治成虫。

4.2.6.1 幼苗期有蚜虫可喷施 10%吡虫啉可湿性粉剂每亩为 20g 对水 40kg 喷雾防治。

4.2.6.2 幼苗出齐后及时清除杂草。

4.2.6.3 苗期适当追施部分速效肥料，用 N、P、K 各 15%的复合肥或尿素每 10m² 用量为 0.5kg，撒施后浇水。

4.2.7 定植

4.2.7.1 整地施肥

定植前将土地全面深耕整平，按 1.5m 行距开定植沟，定植沟宽 40cm，深 40~50cm，每亩用大豆 100kg，鸡粪 500~600kg，N、P、K 复合肥 25kg 与土拌匀后施入定植沟内。

4.2.7.2 选苗分级

定植前对幼苗进行分级，按苗大小分开定植。定植苗标准：苗高 30cm，有 3 条以上地上茎，7 条以上地下贮藏根。

4.2.7.3 定植密度

行距 140~150cm，株距 35~40cm，密度为 1 300 株/667m²。

4.2.7.4 定植方法

栽时将幼苗地下茎上着生鳞芽的一端顺着沟的走向排列，以便使以后抽出嫩茎的位置集中在畦的中央，而利于培土，将幼苗的贮藏根均匀展开，盖土稍压，使根与土密接，浇水后再盖松土 5~6cm，定植后从抽生幼茎时开始每隔半月覆土

1次，每次3~5cm。最后使地下茎埋在畦面下约15cm处。

4.3　栽后第一、二年的管理

4.3.1　苗开始生长时，浇一次淡水粪，以后视苗子生长情况结合浇水再施1~2次追肥。

4.3.2　夏季高温要及时浇水，雨季注意做好排水工作。8月中下旬，植株生长旺盛，要结合浇水亩施25kg复合肥，促使株丛茂盛。施最后一次追肥的日期在霜降前2个月，否则后期不断发生新梢，妨碍养分积累。

4.3.4　注意中耕除草和病虫害防治。

4.3.5　霜降后地上枯茎留着过冬，到春季抽生幼茎前，将枯茎齐地面割除带出田间。

4.3.6　定植后第二年，植株抽生的地上茎增多，一般少采笋或不采笋，由于株丛的发展，施肥量应比第一年增多。

4.4　定植后第三年及以后管理技术

4.4.1　施肥

4.4.1.1　第三年开始采笋，要增加施肥次数和施肥量，多施粗肥，促土壤疏松肥沃，有利茎下茎和根生长。

4.4.1.2　芦笋的施肥时期，以绿色地上茎形成时为重点，而采收期间不必追肥。

4.4.1.3　定植第1、2年按标准量的30%~50%施肥，第3、4年按标准量70%施肥，第5年开始按标准量施肥。

4.4.1.4　注意N、P、K均衡施肥，亩产750kg嫩茎理论施肥量为：N 15.1kg，P 9.2kg，K 13.1kg，其比例为5：3：4。

4.4.1.5　施肥方法

芦笋定植后第1年施肥方法是在施足基肥的基础上施好三大肥，即催芽肥、复壮肥、秋发肥。具体措施是：在春季培土前施催芽肥，每亩施尿素10kg；采笋过后结合放沟浇水，每亩施复合肥10kg；8月中旬施秋发肥，每亩用复合肥

25kg。从第二年起施肥重点在春季，其次为秋季。每年春季在幼茎抽生前于定植行中央掘沟施肥，随水追施速效肥 2~3 次，春季施肥占 60%，夏秋占 40%。

4.4.1.6 施肥注意事项

4.4.1.6.1 芦笋对土壤酸性很敏感，故不宜多用酸性肥料。

4.4.1.6.2 芦笋植株正常生长需钙和少量 NaCl，在缺钙土壤应适当增施石灰。

4.4.2 灌溉和排水

4.4.2.1 在采嫩笋期间，要保持土壤有足够的水分，使嫩茎粗壮，一般应视情况浇 1~2 次水。

4.4.2.2 芦笋地上茎枝旺盛发展时，即 7 月下旬到 8 月下旬，正是夏秋高温季节，蒸腾作用强，水分消耗多，应及时灌水，一般每隔 10d 灌水一次，促进株丛茂盛，保证来年丰收。

4.4.2.3 多雨季节要防止土中积水，否则以致土壤缺乏空气，影响根系生长。

5 病虫害防治

5.1 病害防治

5.1.1 茎枯病、褐斑病防治

5.1.1.1 清园

冬前彻底清园，烧毁病株残体，压低初侵染菌源量。

5.1.1.2 推行配方施肥，多施有机肥，增施 K 肥，注意中耕除草，抗旱排涝。

5.1.1.3 药剂防治

发病地块用 50% 多菌灵 400 倍液喷雾。

5.2 虫害防治

5.2.1 小地老虎、蝼蛄、蛴螬、金针虫、种蝇防治

5.2.1.1 认真清园，彻底清除杂草，严禁施用未充分腐熟的有机肥。

5.2.1.2 早春在成虫活动期间用黑光灯或糖醋液进行诱杀。

5.2.1.3 利用 2.5%高效氯氰菊酯每 $20g/hm^2$ 为对水 50kg 进行喷雾。

6 采收

6.1 时间

每天早上将高达 21~24cm 的嫩茎齐土面割下。

6.2 采收注意事项

出笋盛期每天早晚各采一次，采收嫩茎立即用湿的黑布覆盖，防止见光变色。每次采收，不论嫩茎好坏要全部割取，否则遗留嫩茎会继续生长，消耗养分。采收后立即分级、整理、出售。本规程的产量指标为 $750kg/667m^2$。

采收天数依植株年龄和上年植株的生长状况而定，一般初年只采 20~30d，以后可逐年延长。当嫩茎变细，组织明显老化变硬时停止采收，正常采收可达 2 个多月，若采收过久，养分消耗过大，积累少，植株易衰败。

7 加工

7.1 原料收购与验收

严格按照规定的长度和粗细标准进行收购，剔除病笋、畸形笋和散头笋。

7.2 加工清洗

把收购的芦笋筛选进行初加工，按规定切至 24~27cm 长、粗度 1cm 以上，并除掉笋体上的泥土；然后，笋头朝上置于塑料筐中，放入水槽，进行清洗，用喷水管雾喷于笋尖和笋体，清洗干净。

7.3 分级切割

分级应按照规定的规格进行，具体有4级：1级，每支重25~33g；2级，每支重16~20g；3级，每支重12~15g；4级，每支重12g以下。然后将分级后的芦笋按预先确定规格芦笋的长度进行切割，切去多余部分，要求断面一定要整齐清洁，芦笋基本不带白色，保鲜芦笋的长度一般在20~25cm，粗度在1cm以上，每次切4~6支。

7.4 称重、捆扎

装箱用小天平或电子秤称重，按规格要求每一小扎芦笋重在100~250g，把称好的芦笋用橡皮筋捆牢，再用国际通用的芦笋包装胶带把笋尖捆扎好，然后放入包装箱中，包箱常用泡沫箱和纸箱，装箱后，在箱体上印上名称、级别、重量等标识。

8 贮藏保鲜

芦笋嫩茎采收后，极易失水、变质，特别是嫩茎采收后第1天的品质下降很快，若加工保鲜不及时，嫩茎很易腐败变质。低温保鲜处理是控制绿芦笋采收后生理变化的有效措施，生产上常用差压式通风预冷法处理芦笋贮藏问题。该冷藏法所需设备简单，投资小，操作简单，在广大芦笋产地应用较广。装箱后的芦笋要及时放入冷藏库内。由于芦笋嫩茎冰点只有0.6℃，不耐低温，所以冷藏库的温度不能低于0℃，一般以0~2℃为宜。为防止嫩茎失水，冷库内相对湿度应保持在90%~95%为宜。

9 运输销售

芦笋短距离运输 2~3h 的，可用货车；长距离运输，特别是高温季节，应采用冷藏车，运输时间为 1d 的，温度控制在 0~5℃，运输时间 1d 以上的，温度控制在 0~2℃，以保证芦笋的鲜嫩度，不致降低品质。市场上的芦笋要及时销售，以免腐烂变质。

绿色丝瓜生产技术规程
DB4109/T 007—2012

1 范围

本标准规定了 A 级绿色食品丝瓜生产的产地环境要求和生产技术措施。

本标准适用于濮阳县 A 级绿色食品丝瓜的生产。

2 规范性引用文件

下列文件中的条款通过本标准的引用而成为本标准的条款。凡是注日期的引用文件，其随后所有的修改单（不包括勘误的内容）或修订版均不适用于本标准，然而，鼓励根据本标准达成协议的各方研究是否可使用这些文件的最新版本。凡是不注日期的引用文件，其最新版本适用于本标准。

NY/T 391—2000　绿色食品　产地环境技术条件

NY/T 392—2000　绿色食品　农药使用准则

NY/T 393—2000　绿色食品　肥料使用准则

NY/T 655—2002　绿色食品　茄果类蔬菜

NY/T 658—2002　绿色食品　包装通用准则

NY/T 747—2003　绿色食品　瓜类蔬菜

3 术语和定义

下列术语和定义适用于本标准。

3.1 绿色食品

绿色食品是遵循可持续发展原则，按照特定生产方式生产，经专门机构认定，许可使用绿色食品标志商标的无污染的安全、优质、营养类食品。

3.2 A 级绿色食品

A 级绿色食品，系指在生态环境质量符合规定标准的产地，生产过程中允许限量使用限定的化学合成物质，按特定的生产操作规程生产、加工，产品质量及包装经检测、检查符合特定标准，并经专门机构认定，许可使用 A 级绿色食品标志的产品。

3.3 平棚架

利用木桩、竹片、架材等材料搭成坚固平顶棚架，长度不等，侧面及顶部用铁丝或绳相互攀紧，网络成型。

3.4 人字架

插架理蔓时将 2 个或 4 个支架组成一组，呈"人"字状，捆扎固定。

3.5 吊蔓

用尼龙绳或包装带从蔓的基部引蔓上架。

4 产地环境

产地环境条件符合 NY/T 391—2000 的规定。

5 生产技术措施

5.1 栽培季节

5.1.1 春提前栽培
冬末播种，春季上市。

5.1.2 春季栽培
春季播种，夏季上市。

5.1.3 秋季栽培
夏季播种，秋季上市。

5.2 品种选择

选用早熟或早中熟，主蔓连续结瓜能力强，瓜条发育速度快，耐贮运，抗逆性强，优质、抗病品种。

5.3 育苗

5.3.1 育苗设施
根据不同季节，选用玻璃温室、塑料棚、阳畦、温床设施育苗。冬末春初育苗应配有加温、保温设施，夏秋季育苗应配有防虫、遮阳设施。

5.3.2 营养土配制

5.3.2.1 菜园土
7—8月份出茬后耕翻曝晒，泼浇经无害化处理的粪水，打碎土垡、过筛、堆积。

5.3.2.2 腐熟农家肥
将农家肥高温堆沤，最高堆温达50~55℃，持续5~7d，打碎、过筛、堆积。

5.3.2.3 配比
菜园土60%~70%；优质腐熟农家肥30%~40%；三元复合肥（N∶P∶K为

15 : 15 : 15) 0.1%。pH 值为 5.5~7.5。土壤黏重的，应加砻糠灰或炉渣或珍珠岩。配制好的营养土均匀铺于播种床上，厚度 10cm。

5.3.3 床面消毒

用 50%多菌灵 500 倍液均匀喷洒苗床床面，用塑料薄膜闷盖 3d 后揭膜，待气体散尽后播种。

5.3.4 药土制备

用 50%多菌灵可湿性粉剂或 70%甲基托布津可湿性粉剂 50g 加干细土 50kg 拌匀，制成药土。

5.3.5 种子质量

种子纯度≥95%，净度≥98%，发芽率≥85%，水分≤9%。

5.3.6 用种量

每亩用种 150~200g。

5.3.7 种子处理

用 0.1%高锰酸钾浸种 10~20min 或 10%磷酸三钠浸种 20min，用清水洗净后直播。也可用 55℃温水维持水温均匀稳定，浸泡 20min，然后保持 25~28℃水温，继续浸泡 8~12h，中途换一次水，用清水洗净黏液后即可催芽。或用 50%多菌灵可湿性粉剂拌种，用药量为 500g 种子拌药 2g，当天拌种，当天播种，随配随用。

5.3.8 催芽

浸泡后的种子在 30~32℃条件下保湿催芽，75%左右的种子露白时即可播种。催芽期间每隔 4~5h 翻动一次种子。

5.3.9 播种

5.3.9.1 播种期

根据栽培季节、育苗设施和上市时间选择适宜的播种期。春提前栽培的，1月中旬至 2 月中旬播种育苗；春季栽培的，2 月下旬至 4 月上旬播种育苗。秋季栽培的，7 月中旬大棚内直播。

5.3.9.2 露地直播

按确定的栽培方式和密度穴播 2~3 粒干种子。3~4 片叶时定苗 1 株。

5.3.9.3 育苗移栽

将催芽后的种子均匀撒播于苗床（育苗盘）中，或点播于营养钵（穴盘）中。播后用药土盖籽。待种子出苗后，1叶1心移苗，苗距为8cm×8cm。

5.3.10 苗床管理

5.3.10.1 水肥管理

真叶长出后在晴天追施腐熟稀粪水，1 000kg/667m²。控制浇水，床内湿度过大时应及时通风散湿。苗期管理需增高棚温和降湿，及早防治病害。

5.3.10.2 温度管理

出苗前温度保持25~35℃。出苗后白天温度控制在25~30℃，夜间保持在15~20℃。前期注意防寒保温，后期注意防高温灼伤。定植前5~7d炼苗。

5.4 整地施肥

5.4.1 施足基肥

基肥以优质腐熟有机肥、有机生物菌肥和三元复混肥为主。有机肥需经高温堆沤无害化处理。每亩施优质腐熟鸡粪1 500kg，腐熟饼肥100kg，45%三元复混肥80kg。

5.4.2 整地

深翻冻垡后，按栽培方式不同整地。平棚架畦宽为0.5~0.6m，人字架、吊蔓畦宽为1.8~2.0m。

5.5 定植

5.5.1 定植时间

3叶1心或4叶1心时定植。冬春定植要求棚内10cm最低土温稳定通过15℃。春提前栽培的，3月中旬定植；春季栽培的，4月上中旬定植。

5.5.2 定植规格

株行距按搭架方式不同决定，平棚架行株距为400cm×（20~25）cm，人字架行株距为（50~60）cm×（40~50）cm。吊蔓取代架竹，其他相同。

5.6 田间管理

5.6.1 追肥

活棵后每亩追施腐熟稀粪水 1 500kg，进入始收期后，每 8~12d 追施一次腐熟粪水 1 500kg。结果盛期在离根际 50cm 远的地方开沟，深 10cm，重施腐熟饼肥 100~150kg 加三元复合肥 40~50kg。中后期叶面喷施 0.4%~0.5% 磷酸二氢钾或其他叶面肥。

5.6.2 浇水

灌溉用水质量应符合 GB 5084 要求。出苗或移栽活棵后，应适当控水壮根。结果盛期保证水分供应。高温干旱期间，浇透水。雨季注意排涝，田间不能积水。采用微喷滴灌技术。

5.6.3 棚温管理

大棚栽培的，定植后 7d 少通风，保温促活棵。缓苗后保持棚温白天为 28~30℃，夜间为 15~18℃。当夜间最低温度达 15℃ 以上（5 月上旬）时，可撤去大棚围裙。

5.6.4 插架、绑蔓

5.6.4.1 平棚架

当苗高 40cm 左右时插架材。架材要求长度达 2.5m 以上，每隔 3~5m 立 1 根木桩（小头直径至少 12cm）或水泥柱，上端按行株距用架材或铁丝搭成棚架，架高 1.8~2.2m，宽 3~5m。用竹架建棚的，竹架间距为 0.6~0.8m。每株留 2~3 个结果蔓，绑扎上架。

5.6.4.2 人字架

苗高 40cm 以上时插架材、绑蔓。先直立绑扎，后采用"S"形绑扎，宜用稻草绑扎。棚两侧架材高度以远离棚膜 20cm 左右为宜。当蔓生长超过架材顶端时，及时落蔓。5 月上中旬可揭去顶膜，随即在棚架两侧上每隔 50cm 纵向拉一道塑料绳、压膜绳或铁丝，并在午后将蔓引上棚架。

5.6.4.3 吊蔓

苗高 40cm 以上时，用尼龙绳或包装带从蔓基部按"S"形缠绕茎蔓，向上引蔓，绳上端与棚架缚牢。

5.6.5 植株调整

丝瓜以主蔓结果为主，需及时摘除第 1 雌花以下侧枝，以后侧枝留 1 叶摘心，同时还需剪去卷须，以免缠绕幼果。对植株中下部的老叶、病叶及时去除。对全田植株应留 1/3 的植株保留雄花作授粉用，其余的全部摘除，必要时应除去过多的雌花，以免消耗过多养分。及时摘除畸形瓜和腐烂瓜。在主蔓 23～25 片真叶时打顶。

5.6.6 保花保果

棚（室）栽培或阴雨低温情况下需人工辅助授粉。在晴天早晨 7—8 时摘取当天开放的雄花去除花瓣后，将花粉涂到雌花的柱头上。注意不要伤及柱头。

5.7 病虫草害防治

主要病害有病毒病、霜霉病、疫病等。主要虫害有瓜蚜、斜纹夜蛾和甜菜夜蛾、瓜卷螟等。

5.7.1 防治原则

按照"预防为主，综合防治"的植保方针，坚持"以农业防治、物理防治和生物防治为主，化学防治为辅"的无害化治理原则。

使用药剂防治应符合 GB 4285、GB/T 8321（所有部分）、NY/T 392—2000 的要求。改进喷药方法，优先使用低容量喷雾法、常温烟雾法、热烟雾法、烟熏法施药。严格掌握农药安全间隔期。

5.7.2 农业防治

5.7.3 物理防治

5.7.3.1 虫害

5.7.3.1.1 黄板诱杀

黄板规格为 40cm×25cm，棚内每亩悬挂 30～40 块，诱杀蚜虫等害虫。

5.7.3.1.2 银灰膜避蚜

张挂银灰色膜条、铺设银灰色地膜避蚜。

5.7.3.1.3　设施防护

在棚（室）放风口用防虫网封闭防护。夏季覆盖塑料薄膜、遮阳网和防虫网进行避雨遮阳和防虫栽培，减轻病虫害的发生。

5.7.3.1.4　灯光诱杀

用频振式杀虫灯、高压灯、双波灯、黑光灯诱蛾，每 $6\sim7hm^2$ 设立一个点。

5.7.3.1.5　人工捕杀

摘除卵块或捕杀大龄幼虫，带出田外销毁。

5.7.3.2　病害

种子消毒；高温消毒；高温闷棚抑菌。

5.7.4　生物防治

5.7.4.1　天敌

积极保护利用天敌，以虫治虫，以菌治虫，防治虫害。

5.7.4.2　生物制剂

采用生物农药防治病虫害。

5.7.5　药剂防治

丝瓜常见虫害、病害农药使用剂量及方法。

采收前 10d 不允许使用任何农药。

5.8　采收

5.8.1　采收时间

丝瓜当花冠枯萎，瓜面棱纹转深黑色时为采收适期。春栽一般 5 月中旬始收，8 月下旬结束；秋栽一般 8 月下旬始收，10 月上旬结束。

5.8.2　采收方法

宜于早晨或傍晚用剪刀齐瓜柄剪断，并注意轻拿轻放，防止挤压。头瓜早摘，促进后续瓜生长。

绿色食品桃种植规程
DB4109/T 106—2015

1 范围

本标准规定了绿色食品桃生产的产地环境条件、品种、栽植、土肥水管理、整形修剪、花果管理、病虫害防治、采收与包装贮运等生产操作要求。

本标准适用于绿色食品桃的生产。

2 引用标准

NY/T 391—2013 绿色食品 产地环境质量标准

NY/T 393—2013 绿色食品 农药使用准则

NY/T 394—2013 绿色食品 肥料使用准则

NY/T 586 绿色食品 鲜桃

GB 19175—2010 桃苗木

3 园地选择与规划

3.1 园地选择

宜在土壤深厚肥沃、光照良好、交通和水浇便利的地方建园。应远离城市和交通要道，空气水源洁净，周围无工矿企业的直接污染和间接污染。

3.2 园地规划

按果园面积和自然条件，划分生产小区。规划建设生产路、灌排系统、管护房、分级包装场地等。

4 品种

选用抗病、高产、优质种苗，如春雪、春美等品种。

5 栽植

5.1 整地

栽前平整土地，挖沟栽植，沟宽80cm、深80cm，长度根据地块而定。

5.2 栽植密度

株行距为0.8m×1.5m。

5.3 栽植时期和方法

于春季土壤解冻后栽植。

栽植前将苗木根部事先浸泡于水中，使其充分吸水后取出，对粗根轻截，用5波美度石硫合剂消毒，沾泥浆后栽植。

定植前每株施腐熟鸡粪1kg，填至距地表40cm左右，踩实或先灌水待其下沉后栽树，栽后及时灌水，树盘长宽至少留1m×1m。灌水后可用地膜覆盖，提高地温。

6　土肥水管理

6.1　土壤管理

每年秋季在行间进行深翻改土。在树冠外围深翻 40~60cm。每次灌水后进行中耕。

6.2　施肥

6.2.1　施肥原则

应符合《绿色食品　肥料使用准则》要求。

6.2.2　基肥

于秋季果实采收后，9—10 月，结合耕翻改土施入。基肥按每亩施用 400kg 腐熟鸡粪计算，同时混入硫酸钾复合肥 50kg。以沟施为主，施肥部位在树冠投影范围内。施肥方法为挖放射状沟、环状沟或平行沟，沟深 30~45cm，施后灌水。

6.2.3　叶面肥

花期过后，喷施叶多美，每亩施用 2.5g。

6.3　灌溉与排水

6.3.1　萌芽前结合追肥灌一次水，花期过后灌一次水，硬核期灌一次水，采前 15d 禁止灌水，入冬前灌好封冻水。

6.3.2　雨季前要疏通排水系统，保证雨季排水通畅，桃怕涝严防桃园内积水。

7 整形修剪

7.1 幼树期及结果初期

坚持夏剪为主、冬夏结合、四季修剪的原则。主要任务是培养牢固的骨架，尽快扩冠成形，为早期丰产奠定基础。对各级骨干枝的延长头冬剪时要适度短截，生长季节注意调整其方位及角度；对非骨干枝冬剪缓放为主，配合适度疏枝与轻截，夏季采用抹芽、摘心、扭梢、拿枝等方法缓和其生势，促进转化，尽快形成花芽，提早结果，逐步培养成各类结果枝组。

7.2 盛果期

主要任务是保持生长与结果相对平衡，维持健壮树势。根据桃树一年生新枝成花，二年生枝结果的特性，要及时采用缩放为主、疏截结合、抑前扶后、回缩更新等方法不断培养新的结果枝组，防止早衰和结果部位外移。

7.3 高密与密植树的修剪

幼树主要任务是促树快长，缓枝成花，以果压冠。修剪重点是在生长季节采用抹芽、摘心、拿枝、扭梢等方法，并于7月中旬开始每15d喷一次15%多效唑或200~300倍液，连喷2次抑制新梢生长，促进各类辅养枝尽快转化为结果枝组；冬剪主要采用疏、缓、截相结合的方法，疏除直立、旺长、无花、交叉、细弱枝，缓放中庸健壮花枝，适度短截回缩连续结果的过长枝。盛果期，每株保留30cm以上有花芽枝20~30个，树高控制在不大于行距的范围内，行间枝梢距应保持在1m以上。

整形修剪一定要注意通风透光。桃树为喜光树种，树冠覆盖率维持70%左右，过密园要间伐或对树体结构进行调整。树冠下透光率40%。

8 花果管理

8.1 保花保果

对坐果率低的品种、花芽受冻或花期受霜害时，最好进行人工授粉或花期放蜂。

8.2 疏花疏果

8.2.1 疏花

短枝修剪树，对坐果率高的品种，疏除结果枝基部的花，留中上部的花，疏双花，留单花。长果枝留 4~6 朵，中果枝 2~4 朵，短果枝留 2 朵，花束状果枝留 1 朵或不留。长枝修剪树，一定要将果实留在枝中后段，中前部切忌留果。

8.2.2 疏果

人工疏果时，短枝修剪，一般长果枝留果 2~3 个，中果枝留 1~2 个，短果枝及花束状果枝留 1 个或不留。大果型品种适当多留，小果型品种适当少留。

8.3 套袋

8.3.1 在生理落果基本结束时，5 月上旬前后，进行套袋。

8.3.2 套袋前喷一次杀虫杀菌剂。

8.3.3 套袋时应将纸袋撑开，套后将袋口牢固地捆扎在果枝上。

8.3.4 摘袋。采收前 2d 去袋。

8.4 套袋

9 病虫害防治

9.1 防治原则

积极贯彻"预防为主，综合防治"的植保方针。以农业和物理防治为基础，提倡生物防治，按照病虫害发生规律，科学使用化学防治技术，经济、安全、有效地控制病虫害。

9.2 农业防治

采取剪除病虫枝、清除果园枯枝落叶、地面秸秆覆盖、科学施肥等措施控制病虫害的发生。

9.3 物理防治

根据害虫生物学特性，3 月份以后采取黑光灯诱杀害虫。

9.4 生物防治

保护和利用害虫天敌，瓢虫是蚜虫的天敌。

9.5 化学防治

9.5.1 用药原则

每一种化学药剂只能使用一次，在果实采收前的 30d 禁止使用各种农药。

9.5.2 科学使用农药

①搞好病虫害预测预报，适时用药，未达到防治指标或益害虫比合理的情况下不用药。

②根据天敌发生特点，合理选择农药种类、施用时间和使用方法，保护

天敌。

③防治蚜虫、红蜘蛛、卷叶蛾、螨虫。用吡虫啉 4 000 倍液喷雾防治蚜虫，安全间隔 15d，萌芽期、花期后各喷施一次；用阿维唑螨酯 1 500~2 000 倍液喷雾防治红蜘蛛，安全间隔 15d，坐果期喷施一次；用灭幼脲 3 号悬浮剂 1 500~2 000 倍液喷雾防治卷叶蛾，安全间隔期 21d，花期后喷施一次；用甲基硫菌灵 187~225mg/亩喷雾防治螨虫，萌芽期喷施一次。

10　采收

10.1　采收时期

白肉品种果实底色退绿成淡绿色，或成乳白色，果面大部分着色时采收。采收前 15~20d 摘除果实附近遮光叶片。当地销售宜在八九成熟采收；远销外地时宜在七八成熟采收。

10.2　采收方法

用手握住全果摘下，避免手指掐伤桃果。

10.3　采收时要分期分批

随熟随采，保证成熟度和产量。在果实阳面着色后，要及时进行转果，使果实全面着色。

11　包装及标志

①包装采用彩色纸箱，箱体两端留气孔 4~6 个。

②同一批桃要求产地、品种、等级相同，成熟度一致；同等级要求果径、色泽一致、果径大小的差别应在 5mm 以内。

③标志。包装设计按《绿色食品标志设计标准手册》执行。

12 运输

运输工具必须清洁卫生，有防晒、防雨等设备。严禁与有毒、有异味等有害物品混装、混运。到达目的地后及时卸货入库，库房符合贮存要求。